机电一体化技术研究

耿爱美　王家校　李　屹　著

吉林科学技术出版社

图书在版编目（CIP）数据

机电一体化技术研究 / 耿爱美，王家校，李屹著
. -- 长春 : 吉林科学技术出版社，2022.11

ISBN 978-7-5578-9874-8

Ⅰ. ①机… Ⅱ. ①耿… ②王… ③李… Ⅲ. ①机电一体化－研究 Ⅳ. ① TH-39

中国版本图书馆 CIP 数据核字（2022）第 201623 号

机电一体化技术研究

著　　者　耿爱美　王家校　李　屹
出 版 人　宛　霞
责任编辑　李　超
封面设计　树人教育
制　　版　树人教育
幅面尺寸　185mm×260mm
字　　数　240 千字
印　　张　10.75
印　　数　1–1500 册
版　　次　2022年11月第1版
印　　次　2023年4月第1次印刷

出　　版　吉林科学技术出版社
发　　行　吉林科学技术出版社
地　　址　长春市福祉大路5788号
邮　　编　130118
发行部电话/传真　0431-81629529 81629530 81629531
81629532 81629533 81629534
储运部电话　0431-86059116
编辑部电话　0431-81629518
印　　刷　三河市嵩川印刷有限公司

书　　号　ISBN 978-7-5578-9874-8
定　　价　65.00元

前　言

随着社会经济的发展，社会生产节奏的加快，我国的机电行业迎来了全新的发展机遇，同样的，面对的挑战也越来越艰巨，虽然国家十分鼓励机电技术的发展，也为这项技术投入了大量的人力物力，但是机电行业的发展并不是一帆风顺的，依旧面临着很大的阻力。机电一体化技术与应用不仅是我国经济发展的必然过程，也是一种国际趋势，如果这项技术能得到更加广泛以及有效的应用，那么我国经济一定会有更快的发展，最大限度上满足现代社会市场的需求。由此可知，必须深入了解机电一体化技术的发展现状以及生产瓶颈，加强科学技术研究，才能够选择合适的改进措施推动机电一体化技术朝着更加智能化、网络化、绿色化的可持续状态发展。

随着市场经济的蓬勃发展，以计算机、机械工程技术、微电子学和网络信息技术为代表的现代科学技术，有力地推动了机电一体化技术的发展，不仅大大提高了机械设备的自动化水平，而且促进了机械电子应用领域的不断扩大，提高了现代机械设备的质量、性能、稳定性和精度。在此背景下，有必要充分认识机电技术的发展，推动机电技术向系统化、生活化、智能化、绿色化的可持续发展方向发展。从目前的经济发展形式上看，国内的许多领域都已经开始使用机电一体化技术。例如，机械生产、生产制造、数控机床、工程建筑，等等，都出现了机电一体化技术的身影，并且机电一体化技术为所使用的领域带来了非常大的改变。这也就在一定程度上影响着我国经济的发展，成功地改变了我国的经济现状。

我国机电一体化技术已经得到了广泛的应用，并且发展的前景也非常广阔，这项技术有着非常明显的技术优势，机电一体化技术已广泛地应用于机械设备的加工业和制造业，并为其发展做出了巨大贡献。这在很大程度上提高了机电一体化生产企业的工作效率，而且在为国家节约能源方面做出了巨大的贡献。

为了提升本书的学术性与严谨性，在撰写过程中，笔者参阅了大量的文献资料，引用了诸多专家学者的研究成果，因篇幅有限，不能一一列举，在此一并表示最诚挚的感谢。由于时间仓促，加之笔者水平有限，在撰写过程中难免出现不足的地方，希望各位读者不吝赐教，提出宝贵的意见，以便笔者在今后的学习中加以改进。

目 录

第一章　机电一体化技术概论

第一节　机电一体化的基本概念及发展状况

飞速发展的微电子和计算机等技术渗透到机械工程领域，并与其有机的融合，由此一门新兴的边缘学科——机电一体化应运而生。

一、机电一体化概念

现代科学技术的飞速发展，极大地推动了不同学科的相互交叉与渗透，纵向分化、横向交叉与综合已经成为现代科技发展的重要特点，从而也引发了工程领域的一场技术革命，导致了工程领域的技术革命与改造。在机械工程领域，由于微电子技术和计算机技术的飞速发展及其向机械工业的渗透所形成的机电一体化，使机械工业的技术结构、产品结构、功能与构成、生产方式及管理体系发生了巨大变化，工业生产由“机械化”进入了以“机电一体化”为特征的发展阶段。

1971 年，日本《机械设计》杂志副刊提出了“mechatronics”这一名词。它由英文单词 mechanics（机械学）的前半部分与 electronics（电子学）的后半部分组合而成，即机械电子学或机电一体化。该词被 1996 年出版的 WEBSTER 大词典收录。这就意味着“mechatronics”这个词不仅得到了世界各国学术界和企业界的认可，而且意味着机电一体化的管理和思想为世人所接受。但是，“机电一体化”并非是机械和电子的简单叠加，而是把电子技术、信息技术、自动控制技术“融合”到机械学科中。“机电一体化”发展至今已经成为一门自成体系的新型学科。

迄今为止，机电一体化尚没有明确统一的定义，就连最早提出这一概念的日本也是说法不一。如日本机械振兴协会经济研究所于 1981 年对机电一体化概念所做的解释：“机电一体化是在机械主功能、动力功能、信息功能和控制功能上引进微电子技术，并将机械装置与电子装置用相关软件有机结合而构成系统的总称。”日经产业新闻把机电一体化称为“是机械装置和电子技术的电子学组合起来的技术进步的总称”，我国习惯称为“机电一体化”。

20 世纪 90 年代国际机器与机构理论联合会（The International Federation for the Theory of Machines and Mechanism，IFTMM）成立了机电一体化技术委员会，其给出的定义是：机电一体化是精密机械工程、电子控制和系统在产品设计和制造过程中的协同结合。随着生产活动和科学技术的迅猛发展，机电一体化的内容不断发展与更新。但其基本的特征可概括为：机电一体化是从系统的观点出发，综合运用机械技术、微电子技术、自动控制技术、计算机技术、信息技术、传感测试技术、电力电子技术、接口技术、信号变换技术，以及软件编程技术等群体技术，根据系统功能目标和优化组织结构目标，合理配置与布局各功能单元，在多功能、高质量、高可靠性、低能耗的意义上实现特定功能价值并使整个系统最优化的系统工程技术。由此而产生的功能系统，则成为一个机电一体化系统或机电一体化产品。

因此，机电一体化涵盖技术和产品两个方面。需要强调的是，机电一体化技术是基于上述群体技术有机融合的一种综合性技术，而不是机械技术、微电子技术及其他新技术的简单结合、拼凑。机电一体化中的微电子装置除可取代某些机械部件的原有功能外，还能赋予产品许多功能，如自动检测、自动处理信息、自动显示记录、自动调节与控制、自动诊断与保护等。即机电一体化产品具有“智能化”的特征是机电一体化与传统机械和电气、电子的结合的本质区别。它是机械系统和微电子技术系统，特别是与微处理器或微机的有机结合，从而赋予新的功能和性能的一种产品。机电一体化产品的特点是产品功能的实现是所有功能单元共同作用的结果，这与传统机电设备中机械与电子系统相对独立、可以分别工作具有本质的区别。随着科学技术的发展，机电一体化已从原来以机械为主的领域拓展到目前的汽车、电站、仪表、化工、通信、冶金等领域。而且机电一体化产品的概念不再局限于某一具体产品的范围，如数控机床、机器人等，现在已扩大到控制系统和被控制系统相结合的产品制造和过程控制的系统中，如柔性制造系统（FMS）、计算机辅助设计 / 制造系统（CAD/CAM）、计算机辅助工艺规划（CAPP）和计算机集成制造系统（CIMS），以及各种工业过程控制系统。

机电一体化这一新兴学科有其技术基础、设计理论和研究方法，只有对其充分理解，才能正确地进行机电一体化方面的工作。机电一体化的目的是使系统（产品）高附加值化，即多功能、高效率、高可靠性、省材料、省能源，不断满足人们生活和生产的多样化需求。所以，一方面，机电一体化既是机械工程发展的继续，同时也是电子技术应用的必然；另一方面，机电一体化的研究方法应该是从系统的角度出发，采用现代化设计分析方法，充分发挥边缘科学技术的优势。

二、机电一体化的现状

机电一体化技术的发展大体上可分为三个阶段。

（一）初期阶段

20 世纪 60 年代以前称为初期阶段。特别是在二次世界大战期间，战争刺激了机械产品与电子技术的结合，这些机电结合的军用技术，战后转为民用，对战后经济的恢复起到了积极的作用。这个时期研制和开发还处于自发状态。由于当时的电子技术还没有发展到一定水平，信息技术还处于萌芽状态，因此机电技术还不足以广泛深入地发展。

（二）蓬勃发展阶段

20 世纪 70 至 80 年代称为蓬勃发展阶段。这一时期，计算机技术、控制技术、通信技术的发展，为机电一体化的发展奠定了技术基础。这个时期的特点是：① Mechatronics 一词在日本首先得到认同，然后到 20 世纪 80 年代末在世界范围内得到广泛认同；②机电一体化技术和产品得到极大的发展；③机电一体化技术和产品在各国引起关注。此后由于大规模和超大规模集成电路技术及微型计算机和微电子技术的迅速发展，使得机电结合的形式更加灵活，内容更加丰富，应用更加广泛，从而引发了一场规模空前的技术革命。

（三）初步智能化阶段

20 世纪 90 年代后期，开始了机电一体化技术向智能化方向迈进的新阶段，机电一体化进入了深入发展阶段。一方面由于光学、通信技术和细微加工技术等进入机电一体化，产生了光机电一体化和微机电一体化等新的分支；另一方面对机电一体化的建模、系统设计、集成方法等都进行了深入研究。由于人工智能技术、神经网络技术及光纤技术等领域取得的巨大进步，为机电一体化技术开辟了发展的广阔天地。以信息流为纽带的制造技术得到了广泛重视和迅速发展，出现了虚拟制造（VM）、敏捷制造（AM）、快速成型制造（RPM）、并行工程（CE）等新技术。这些研究将促使机电一体化进一步建立完整的基础和逐步形成完整的科学体系。

我国是从 20 世纪 80 年代着手于 CAD、CAM 技术开始这方面的研究的，而且主要集中在一些高等院校。我国对 CIMS 的研究比较重视，一些高校和研究所都成立了 CIMS 中心。在国家中长期科学和技术发展纲要中，我国将重点发展数字化和智能化设计制造，重点研究数字化设计制造集成技术，建立若干行业的产品数字化和智能化设计制造平台，开发面向产品全生命周期的、网络环境下的数字化、智能化创新设计方法及技术，计算机辅助工程分析与工艺设计技术，设计、制造和管理的集成技术。机电一体化技术在我国必将得到新的发展。

机电一体化技术促使仪器仪表迅速发展。20 世纪 80 年代，高性能微处理器的出现使得具有数据采集与处理、存储记忆、自动控制、通信、显示、打印报表等多功能的自动控制仪表得到发展。世界各国都非常重视传感器技术，它反映了一个国家的科技发达程度，特别是对一些新颖的先进的高科技传感器的研究，如超导传感器、集成光学传感器等。

机器人是近代科技发展的重大成果，是典型的机电一体化产品之一。几十年来，机器人已由第一代示教再现型发展到第二代感觉型和第三代的智能型。日本、美国、瑞典是三个生产机器人的主要国家，日本机器人的拥有量约占世界总数的67%。世界机器人需求量每五年将翻一番，产值则每年以27.5%的速度迅速增长。

三、机电一体化的发展前景

机电一体化是机械技术与电子技术相结合的产物。它还处在不断发展和完善的过程中，按照机电一体化思想，凡是由各种现代高新技术与机械和电子技术相互结合而形成的各种技术、产品（或系统）都应属于机电一体化范畴。机电一体化是一个综合的概念，在当代产品中，单纯机械技术带来的产品附加值在其总的产品附加值中所占的比重越来越小，而微电子技术带来的附加值在其总的产品附加值中所占的比重越来越大。但这并不等于说，微电子技术可以脱离机械技术而在机械领域获得更大的经济效益，机械技术只有同微电子技术相结合，传统的机械产品只有向机电一体化产品方向发展，给机械行业注入新的活力，赋予新的内涵，才能使机械工业获得新生，这是机械工业发展的唯一出路。

机电一体化是集机械、电子、光学、控制理论、计算机技术和信息技术等多学科交叉融合的产物，大力推进制造业信息化、网络化和绿色环保化，大幅度提高产品档次、技术含量和附加值，是机电一体化发展的重点方向。

（一）机电一体化的主要发展方向

1. 智能化

智能化是21世纪机电一体化技术发展的主要方向。这里所说的“智能化”是对机器行为的描述，是在控制理论的基础上，吸收人工智能、电子技术、运筹学、计算机科学、模糊数学、心理学、生理学和混沌动力学等新思想、新方法，模拟人类智能，以求得到更高的控制目标。机器的行为具有逻辑思维、判断推理及自主决策的能力是智能化的重要标志。

2. 模块化、集成化

机电一体化产品种类和生产厂家繁多，研制和开发具有标准机械接口、电气接口、动力接口、环境接口的机电一体化产品单元是一项十分复杂而又重要的工作。利用标准单元迅速开发出新的产品，扩大生产规模，将给机电一体化企业带来美好的前景。基础件和通用部件的大力开发和发展将使机电一体化产品的模块化程度更高，随着数字化设计制造集成技术的发展，若干行业的产品数字化和智能化设计制造平台的建立，计算机辅助工程分析与工艺设计技术的提高，设计、制造和管理的技术集成，将使机电一体化产品的集成化制造变得更加容易和快捷。

3. 信息网络化

制造全球化、敏捷化和虚拟化等制造模式已越来越离不开网络化和集成化的支持环境，网络化制造已成为现代制造业发展的主要趋势。网络化制造的目的在于通过制造企业间的合作与协调，共享信息、资源和知识，以实现产品整个生命周期的制造业务活动。

网络化制造与系统集成技术紧密相连，系统集成技术是网络化制造的基础，网络化制造是系统集成的具体表现。例如，网络化制造中异地分布制造企业之间的合作与协调、异构信息系统之间的互操作等都必须采用系统集成技术。网络化制造是一种企业为应对知识经济和制造全球化的挑战而实施的以快速响应市场需求和提高企业（企业群体）竞争力为主要目标的先进制造模式。

4. 微型化

微型系统技术已经成为全球增长最快的工业之一，需要制造极小的高精密零件的工业，如生物 - 医疗装备、光学以及微电子（包括移动通信和计算机组件）等都有大量的需求。微型化指的是机电一体化向微型化和微观领域发展的趋势。微机电一体化产品指的是几何尺寸不超过 1mm 的机电一体化产品，其最小体积近期将向微米至纳米级进发，使机电一体化产品具有轻、薄、小、巧的优点。

微机电一体化发展的瓶颈在于微机械技术，微机电一体化产品的加工采用精细加工技术，即超精密技术，它包括光刻技术和蚀刻技术两类。通常我们把被加工零件的尺寸精度和形位精度达到零点几微米，表面粗糙度低于百分之几微米的加工技术称为超精密加工技术。超精密加工技术在国防工业、信息产业和民用产品中都有着广泛的应用前景。

5. 绿色环保化

20 世纪 90 年代以来，绿色浪潮风起云涌，席卷全球，绿色环保成为一个世界性话题，并且已经渗透到社会的各个角落。绿色产品在其设计、制造、使用和销毁的生命过程中，要符合特定的环境保护和人类健康的要求，对生态环境无害或危害极少，资源利用率最高。

机电一体化产品的绿色化主要是指使用时不污染生态环境，可回收，无公害，如绿色电冰箱等。

6. 人性化

未来的机电一体化更加注重产品的人机关系，机电一体化产品的最终使用对象是人，赋予机电一体化产品人的智慧、情感，人性化越加重要，具有感知、认知功能，特别是对家用机器人，其高层境界就是人机一体化。

7. 多功能化

对机电一体化产品，不仅要求它们具有数据采集、检测、记忆、监控、执行、反馈、自适应、自学习等功能，还要求它们具有神经功能，以便实现整个生产系统的最佳化和智能化。

8. 节能化

节能化指机电一体化产品不用电或少用电，如太阳能空调、太阳能冰箱等。

9. 系统化、复合集成化

复合集成化、系统化是层次发展的特征。复合集成，既包含各种分支技术的相互渗透、相互融合和各种产品不同结构的优化与复合，又包含在生产过程中同时处理加工、装配、检测、管理等多种工序。

系统化、集成化也是一种非常高层次的指导方针。一是指不同领域的专家、学者联合起来，并扩大到不同公司之间、不同行业之间、政府各部门之间进行的种种协调，以及为处理国际贸易及国际合作之间一些事务的国际合作等。日本研究机电一体化技术的先驱者渡边茂先生将此称为“全球化”。二是指计算机集成制造系统（CIMS）及网络制造系统，这是当今世界机电一体化发展的最新趋势。

（二）数控机床、自动机与自动生产线的发展趋势

1. 数控机床

目前我国是全世界机床拥有量最多的国家（近 320 万台），但数控机床只占约 5%，且大多数是普通数控（发达国家数控机床占 10%）。近些年来数控机床为适应加工技术的发展，在许多技术领域都有了巨大的进步。数控机床具有以下一些优势。

（1）高速。由于高速加工技术普及，机床普遍提高了各方面的速度。车床主轴转速由 3 000 ~ 4 000r/min 提高到 8 000 ~ 10 000r/min；铣床和加工中心主轴转速由 4 000 ~ 8 000r/min 提高到 12 000 ~ 40 000r/min 以上；快速移动速度由过去的 10 ~ 20m/min 提高到 48m/min、60m/min、80m/min、120m/min；在提高速度的同时要求提高运动部件启动的加速度，由过去一般机床的 0.5g(重力加速度）提高到（1.5 ~ 2g），最高可达 15g；直线电机在机床上已开始使用，主轴上大量采用内装式主轴电机。

（2）高精度。数控机床的定位精度已由一般的 0.01 ~ 0.02mm 提高到 0.008mm 左右；亚微米级机床达到 0.0005mm 左右；纳米级机床达到 0.005 ~ 0.01μm；最小分辨率为 1nm 的数控系统和机床已问世。

数控中两轴以上插补技术大大提高，纳米级插补使两轴联动加工出的圆弧都可以达到 1μm 的圆度，插补前多程序预读，大大提高了插补质量，并可进行自动拐角处理等。

（3）复合加工，新结构机床大量出现。如 5 轴 5 面体复合加工机床，5 轴 5 联动加工各类异形零件。同时派生出各种新颖的机床结构，包括 6 轴虚拟轴机床，串并联

铰链机床等采用特殊机械结构，数控的特殊运算方式，特殊编程要求的机床。

（4）使用各种高效特殊功能的刀具使数控机床“如虎添翼”。如内冷钻头由于使高压冷却液直接冷却钻头切削刃和排出的切屑，在钻深孔时可大大提高工作效率。加工钢件切削速度能达 1 000m/min，加工铝件能达 5 000m/min。

（5）数控机床的开放性和联网管理。数控机床的开放性和联网管理是使用数控机床的基本要求，它不仅是提高数控机床开动率、生产率的必要手段，而且是企业合理化、最佳化利用这些制造手段的方法。因此，计算机集成制造、网络制造、异地诊断、虚拟制造、并行工程等各种新技术都是在数控机床的基础上发展起来的，这必然成为 21 世纪制造业发展的一个主要潮流。

2. 自动机与自动生产线

在国民经济生产和生活中广泛使用的各种自动机械、自动生产线及各种自动化设备，是当前机电一体化技术应用的又一具体体现。如 2 000 ~ 80 000 瓶 /h 的啤酒自动生产线，18 000 ~ 120 000 瓶 /h 的易拉罐灌装生产线，各种高速香烟生产线，各种印刷包装生产线，邮政信函自动分拣处理生产线，易拉罐自动生产线，FEBOPP 型三层共挤双向拉伸聚丙烯薄膜生产线等，这些自动机或生产线中广泛应用了现代电子技术与传感技术。如可编程序控制器、变频调速器、人机界面控制装置与光电控制系统等。我国的自动机与生产线产品的水平比十多年前跃升了一大步，其技术水平已达到或超过发达国家 20 世纪 80 年代后期的水平。使用这些自动机和生产线的企业越来越多，对维护和管理这些设备的相关人员的需求也越来越多。

第二节　机电一体化系统的基本构成

机电一体化系统一般包括六个基本结构要素：机械本体、动力系统、测试传感部分、执行机构、控制及信息处理单元、接口。机电一体化系统的功能在很大程度上取决于控制系统。机械本体是执行机械运动的终端；传感部分一般是反馈运动或位置参数；信息处理单元主要是接收人工指令，并将它转化为电压信号给驱动部分；驱动部分与信息处理单元的连接叫接口；驱动部分一般包含驱动器及其电机组成；驱动器是将电压信号转换为可以驱动电机的信号。从机电一体化系统的功能看，人体是电一体化系统理想的参照物。

构成人体的五大要素分别是头脑、感官（眼、耳、鼻、舌、皮肤）、四肢、内脏及躯干。内脏提供人体所需要的能量（动力）及各种激素，维持人体活动；头脑处理各种信息并对其他要素实施控制；感官获取外界信息；四肢执行动作；躯干的功能是把人体各要素有机地联系为一体。通过类比就可发现，机电一体化系统内部的五大功能与人体的上述功能几乎是一样的。

（1）机械本体。用于支撑和连接其他要素，并把这些要素合理地结合起来，形成有机的整体。机电一体化技术应用范围很广，其产品及装置的种类繁多，但都离不开机械本体。例如，机器人和数控机床的本体是机身和床身，指针式电子手表的本体是表壳。因此，机械本体是机电一体化系统必要的组成部分。没有它，系统的各部件就支离破碎，无法构成具有特定功能的机电一体化产品或装置。

（2）动力系统。按照系统控制要求，为机电一体化产品提供能量和动力功能，驱动执行机构工作以完成预定的主功能。动力系统包括电、液、气等各种多种动力源。

（3）传感与检测系统。将机电一体化产品在运行过程中所需要的自身和外界环境的各种参数及状态转换成可以测定的物理量，同时利用检测系统的功能对这些物理量进行测定，为机电一体化产品提供控制运行所需的各种信息。传感与检测系统的功能一般由传感器仪表来实现，但要求其具有体积小、便于安装与连接、检测精度高、抗干扰等特点。

（4）信息处理及控制系统。根据机电一体化产品的功能和性能要求，信息处理及控制系统接收传感与检测系统反馈的信息，并对其进行相应的处理、运算和决策，以对产品的运行施以按照要求的控制，实现控制功能。机电一体化产品中，信息处理及控制系统主要是由计算机的软件和硬件及相应的接口组成。硬件一般包括输入/输出设备、显示器、可编程控制器和数控装置。机电一体化产品要求信息处理速度高，A/D 和 D/A 转换及分时处理时的输入/输出可靠，系统的抗干扰能力强。

（5）执行部件。即在控制信息的作用下完成要求的动作，实现产品的主功能。执行部件一般是运行部件，常采用机械、电液、气动等机构。执行机构因机电一体化产品的种类和作业对象不同而存在较大的差异。执行机构是实现产品目的功能的直接执行者，其性能的好坏决定着整个产品的性能，因而是机电一体化产品中重要的组成部分。

（6）接口耦合与能量转换。

变换。两个需要进行信息交换和传输的环节之间，由于信息的模式不同（数字量与模拟量、串行码与并行码、连续脉冲与序列脉冲等），无法直接实现信息或能量的交流，需要通过接口完成信息或能量的统一。

放大。在两个信号强度相差悬殊的环节间，经接口放大，达到能量的匹配。

耦合。变换和放大后的信号在各环节间能可靠、快速、准确地交换，但必须遵循一致的时序、信号格式和逻辑规范。接口具有保证信息的逻辑控制功能，使信息按规定模式进行传递。

能量转换。其执行元件包含了执行器和驱动器。该转换涉及不同类型能量间的最优转换方法与原理。

机电一体化产品的五个组成部分在工作时相互协同，共同完成所规定的目的功能。

在结构上，各组成部分通过各种接口及其相应的软件有机结合在一起，构成一个内部匹配合理、外部效能最佳的完整产品。

首先应该指出的是，构成机电一体化系统的几个部分并不是并列的。其中的机械部分是主体，这不仅是由于机械本体是系统的重要组成部分，而且系统的主要功能必须由机械装置来完成，否则就不能称其为机电一体化产品。如电子计算机、非指针式电子表等，其主要功能已由电子器件和电路等完成，机械已退居次要地位，这类产品主要归属于电子产品，而不是机电一体化产品。因此，机械系统是实现机电一体化产品功能的基础，需在结构、材料、工艺加工及几何尺寸等方面确定机一体化产品高效、可靠、节能、多功能、小型轻量和美观等要求。除一般性的机械强度、刚度、精度、体积和质量等指标外，机械系统技术开发的重点是模块化、标准化和系列化，以便于机械系统的快速组合和更换。

其次，机电一体化的核心是电子技术，电子技术包括微电子技术和电力电子技术，但是重点是微电子技术，特别是微型计算机或微处理器。机电一体化需要新技术的有机结合，但首要的是微电子技术，不与微电子结合的机电产品不能称为机电一体化产品。如非数控机床，一般均有电动机驱动，但它不是机电一体化产品。除了微电子技术以外，在机电一体化产品中，其他技术则根据需要进行组合，可以是一种，也可以是多种。综上所述，对机电一体化可以概括出以下几点认识：

机电一体化是一种以产品和过程为对象的技术。

机电一体化以机械为主体。

机电一体化以微电子技术，特别是计算机控制技术为中心。

机电一体化将工业产品和过程都作为一个完整的系统来看待，因此强调各种技术的协同和集成，而不是将各个单元或部件简单地拼凑到一起。

机电一体化贯穿设计和制造的全过程。

第三节　机电一体化产品的分类

目前，机电一体化产品已经渗透到国民经济、日常工作及生活的各个领域。电冰箱、全自动洗衣机、录像机、照相机等家电产品，电子打字机、复印机、传真机等自动化办公设备，脑 CT、核磁共振等成像诊断仪器，数控机床、工业机器人、自动化物料搬运车等机械制造设备，以及由微机控制整时点火、助力转向、燃油喷射、排气净化等的交通运输设备，都是典型的机电一体化产品。

机电一体化产品的种类繁多，目前还在不断扩展，但仍可以按产品的功能划分为以下几类。

一、数控机械类

数控机械类的主要产品为数控机床、工业机器人、发动机控制系统和自动洗衣机等。其特点为执行机构是机械装置。

二、电子设备类

电子设备类的主要产品为电火花加工机床、线切割加工机床、超声波缝纫机和激光测量仪等。其特点为执行机构是电子装置。

三、机电结合类

机电结合类的主要产品为自动探伤机、形状识别装置、CT 扫描仪、自动售货机等。其特点为执行机构是机械和电子装置的有机结合。

四、电液伺服类

电液伺服类的主要产品为机电一体化的伺服装置。其特点为执行机构是液压驱动的机械装置，控制机构是接受电信号的液压伺服阀。

五、信息控制类

信息控制类的主要产品为电报机、磁盘存储器、磁带录像机、录音机及复印机、传真机等办公自动化设备。其主要特点为执行机构的动作完全由所接受的信息控制。

另外，从控制的角度来讲，机电一体化系统可分为开环控制系统和闭环控制系统。开环控制的机电一体化系统是没有反馈的控制系统，这种系统的输入直接送给控制器，并通过控制器对受控对象产生控制作用。一些家用电器、简易 NC 机床和精度要求不高的机电一体化产品都采用开环控制方式。开环控制机电一体化系统的优点是结构简单、成本低、维修方便；缺点是精度较低，对输出和干扰没有诊断能力。闭环控制系统是指在系统的输出端与输入端之间存在反馈回路，输出量对控制过程产生影响的控制系统，也叫反馈控制系统。闭环控制系统的核心是通过反馈来减少被控量（输出量）的偏差。此外，还可以按其他方面来分类，这里不再一一列举。

第四节　机电一体化的特点

随着机电一体化技术的快速发展，机电一体化产品有逐步取代传统机电产品的趋势。这完全取决于机电一体化技术所存在的优越性和潜在的应用性能。与传统的机电产品相比，机电一体化产品具有高功能水平和附加值，它将给开发生产者和用户带来较高的社会经济效益。

一、生产能力和工作质量提高

机电一体化产品大都具有信息自动处理和自动控制功能，其控制和检测灵敏度、精度以及范围都有很大程度的提高，通过自动控制系统可精确地保证机械的执行机构按照设计的要求完成预定的动作，使之不受机械操作者主观因素的影响，从而实现最佳操作，保证最佳的工作质量和较高的产品合格率。同时，由于机电一体化产品实现了工作的自动化，使得生产能力大大提高。例如，数控机床对工件的加工稳定性大幅度提高，生产效率比普通机床提高 5 ~ 6 倍，柔性制造系统的生产设备利用率可提高 1.5 ~ 3.5 倍，可减少机床数量约 50%，减少操作人员约 50%，缩短生产周期 40%，使加工成本降低 50% 左右。此外，由于机电一体化工作方式具有可通过调整软件来适应需求的良好柔性，特别适合于多品种小批量产品的生产，是缩短产品开发周期，加速更新换代的重要途径。

二、使用安全性和可靠性提高

机电一体化产品一般都具有自动监视、报警、自动诊断、自动保护等功能。在工作过程中遇到过载、过压、过流、短路等电力故障时，能自动采取保护措施，避免和减少人身与设备事故，显著提高设备的使用安全性。机电一体化产品由于采用电子元器件，减少了机械产品中的可动构件和磨损部件，因此具有较高的灵敏度和可靠性，产品的故障率低，寿命得到了延长。

三、调整和维护方便，使用性能改善

由于机电一体化产品普遍采用程序控制和数字显示，操作按钮和手柄数量显著减少，使得操作大大简化且方便、简单。机电一体化产品在安装调试时，可通过改变控制程序来实现工作方式的改变，以适应不同用户对象的需要及现场参数变化的需要。这些控制程序可通过多种手段输入机电一体化产品控制系统中，而不需要改变产品中的任何部件或零件。对于具有存储功能的机电一体化产品，可以事先存入若干套不同的执行程序，然后根据不同的工作对象，只需给定一个代码信号输入，即可按指定预定程序进行自动工作。机电一体化产品的自动化检验和自动监视功能可对工作过程中出现的故障自动采取措施，使工作恢复正常。机电一体化产品的工作过程根据预设程序逐步由电子控制系统来实现，系统可重复实现全部动作。高级的机电一体化产品可通过被控制对象的数学模型以及设定参数的变化随机搜寻工作程序，实现自动最优化操作。

四、具有复合功能，适用面广

机电一体化产品一般具有自动化控制、瞬间自动补偿、自动校验、自动调节、自动保护和智能等多种功能，能应用于不同的场合和领域，应变能力大大增强。机电一体化产品跳出了机电产品单技术和单功能限制，具有复合技术和复合功能，使产品的功能水平和自动化程度大大提高。

五、劳动条件得到改善，有利于自动化生产

机电一体化产品自动化程度高，是知识密集型和技术密集型产品，是将人们从繁重的体力劳动中解放出来的重要途径，可以加速工厂自动化、办公自动化、农业自动化、交通自动化甚至是家庭自动化。

六、节约能源，减少耗材

节约一次和二次能源是国家的战略目标，也是用户十分关心的问题。机电一体化产品，通过采用低能耗驱动机构，最佳的调节控制，以提高设备的能源利用率，可达到明显的节能效果。同时，由于多种学科的交叉融合，机电一体化系统的许多功能一方面从机械系统转移到了微电子、计算机等系统；另一方面从硬件系统转移到了软件系统，从而使得机电一体化系统朝着轻、小、智能化方向发展，减少了材料消耗。

因此，无论是生产部门还是使用单位，机电一体化技术和产品的应用，都会带来显著的社会和经济效益。正因为如此，世界各国，尤其是日本、美国及欧洲各国都在大力发展和推广机电一体化技术。

传统产业通过机电一体化革命所带来的优质、高效、低耗、柔性增强了企业的竞争能力，引起了各个国家和企业的极大重视。世界机电产品市场上，高新技术产品的出口贸易增长速度十分惊人。高新技术产品的出口贸易额，1976 年仅为 500 亿美元，14 年后的 1990 年已达到 3 500 亿美元，年平均增长达到了 14.8%，约为世界出口贸易额增长率的 4 倍，从而使高新技术出口总额占世界总出口额的比重，由 1976 年的 5%

上升到 1990 年的 11%。

21 世纪初，高新技术产品的出口贸易可望达到 8 000 亿美元，其占世界出口贸易的比重可达 16%。机电一体化新型产品将逐步取代大部分传统机械产品，传统的机械装备和生产管理系统将被大规模地改造和更新为机电一体化生产系统，机电一体化产业将占据主导地位，机械工业将以机械电子工业的新面貌得到迅速发展。

第五节 机电一体化的理论基础与关键技术

一、理论基础

系统论、信息论、控制论的建立，微电子技术，尤其是计算机技术的迅猛发展，引起了科学技术的又一次革命，导致了机械工程的机电一体化。

系统论、信息论、控制论无疑是机电一体化技术的理论基础，是机电一体化技术的方法论。

开展机电一体化技术研究，无论在工程的构思、规划、设计方面，还是在它的实施或实现方面，都不能只着眼于机械或电子，不能只看到传感器或计算机，而是要用系统的观点，合理地解决信息流与控制机制的问题，有效地综合各个相关技术，才能形成所需要的系统或产品。

确定机电一体化系统目的、功能与规格后，机电一体化技术人员利用机电一体化技术进行设计、制造的整个过程称为机电一体化工程。实施机电一体化工程的结果是新型的机电一体化产品。实施机电一体化工程实际上是一项系统工程，它需要科学规划，系统研究和设计，然后通过反复的试验来进行机电一体化产品的设计。

系统工程是系统科学的一个工作领域，而系统科学本身是一门关于“针对目的要求进行合理的方法学处理”的边缘科学。系统工程的概念不仅包括“系统”，即具有特定功能，相互之间具有有机联系的许多要素所构成的一个整体，还包括“工程”，即产生一定的效能的方法。1978 年后，钱学森指出：“系统工程是组织管理系统的规划、研究、设计、制造、试验和使用的科学方法，是一种对于所有系统都具有普遍意义的科学方法。”机电一体化技术就是系统工程科学在机械电子工程中的具体应用。具体地讲，就是以机械电子系统或产品为对象，以数学方法和计算机等为工具，对系统的构成要素、组织结构、信息交换和反馈控制等功能进行分析、设计、制造和服务，从而达到最优化设计、最优控制和最优管理的目标，以便充分发挥人力、物力和财力，通过各种组织管理技术，使局部与整体之间协调配合，实现系统的综合最优化。系统工程是数学方法和工程方法的汇集。

机电一体化技术是从系统工程观点出发，应用机械、微电子等有关技术，使机械、电子有机结合，实现系统或产品整体最优化的综合性技术。小型的生产、加工系统，即使是一台机器，也都是由许多要素组成的，为了实现具有“目的功能”，还需要从系统角度出发，不拘泥于机械技术或电子技术，并寄希望于能够使各种功能要素构成最佳结合的柔性技术与方法。机电一体化工程就是这种技术和方法的统一。

机电一体化系统是一个包括物质流、能量流和信息流的系统，有效地利用各种信号所携带的丰富信息资源，则有赖于信号处理和信息处理技术。观察所有机电一体化产品，就会看到准确的信息获取、处理在系统中所起到的实质性作用。

将工程控制理论用于机械工程技术而派生的机械控制工程为机械技术引入了崭新的理论和思想，把机械设计技术由原来静态的、孤立的传统设计思想引向动态、系统的设计环境，使科学的辩证法在机械技术中得以体现，为机械设计提供了丰富的现代设计方法。

二、关键技术

如果说系统论、信息论、控制论是机电一体化技术的理论基础，那么微电子技术、精密机械技术就是它的技术基础。微电子技术的进步，尤其是微型计算机技术的迅速发展，为机电一体化技术的进步与发展提供了前提条件。正是有了计算机，才使机械、电子、信息的一体化得以实现。有了微型计算机日新月异的发展，才有了机电一体化技术勃勃生机的景象。

同时，在机电一体化技术的发展中，不能低估精密机械加工技术对它的贡献。机电一体化产品中的许多重要零件部件都是利用超精密加工技术制造的，就连微电子技术本身的发展也离不开精密机械技术。例如，在规模集成电路制造中的微细加工就是精密机械技术进步的成果。因此可以说，精密机械加工技术促进了微电子技术的不断发展，微电子技术的不断发展又推动了精密机械技术中加工设备的不断更新。

由于机电一体化是一个工程，是一个大系统，因此它的发展不仅要靠信息技术、控制技术、机械技术、电子技术和计算机技术的发展，还要依靠其他相关技术的发展，同时也要受社会条件、经济基础的影响。机电一体化技术内部各种因素的联系及外部条件的影响关系。其中主要因素固然是发展机电一体化技术的必备条件，但各种相关技术的发展及外部影响因素的相互配合也是必不可少的。

机电一体化是各种技术相互渗透的结果，其关键共性技术包括检测与传感检测技术、信息处理技术、自动控制技术、伺服驱动技术、接口技术、精密机械技术、监控与诊断技术及系统总体技术等。

（一）检测与传感检测技术

检测与传感检测技术是机电一体化的关键技术。如何从待测对象那里获取能反映待测对象特征和状态信号，将取决于传感器技术，而能否有效地利用这些信号所携带的丰富信息则取决于检测技术。在机电一体化产品中，工作过程的各种参数、工作状态以及与工作过程有关的相应信息都要通过传感器进行接收，并通过相应的信号检测装置进行测量，然后送入信息处理装置及反馈给控制装置，以实现产品工作过程的自动控制。机电一体化产品要求传感器能快速和准确地获取信息并且不受外部工作条件和环境的影响，同时检测装置能不失真地对信号进行放大、输送和转换。

随着机电一体化技术的发展，传感器技术成为机电一体化产品向柔性化、功能化和智能化发展的重要技术基础。传感器技术自身就是一门多学科、知识密集的应用技术。传感原理、传感材料及加工制造装配技术是传感器开发的三个重要方面。作为一个独立器件，传感器的发展正进入集成化、智能化研究阶段。把传感器件与信号处理电路集成在一个芯片上，就形成了信息型传感器。若再把微处理器集成到信息型传感器芯片上，就是所谓的智能型传感器。

与计算机相比，传感器的发展显得缓慢，难以满足技术发展的要求。许多机电一体化装置不能达到满意的效果或无法实现设计的关键原因，在于没有合适的传感器，因此，大力开展传感器研究对机电一体化技术的发展具有十分重要的意义。

（二）信息处理技术

信息处理技术是指在机电一体化产品工作过程中，与工作过程中各种参数和状态及自动化控制有关的信息输入、识别、转换、运算、存储、输出和决策分析等技术。信息处理得是否及时、准确，直接影响着机电一体化系统或产品的质量和效率，因而也是机电一体化的关键技术。

机电一体化产品中，实现信息处理技术的主要工具是计算机。计算机技术包括硬件和软件技术、网络与通信技术、数据处理技术和数据库技术等。在机电一体化产品中，计算机信息处理得是否正确、及时，直接影响着系统的工作质量和效率，因此计算机应用及信息处理技术已成为促进机电一体化技术发展和变革的最活跃的因素。

人工智能技术、专家系统技术、神经网络技术等都属于计算机信息处理技术。

（三）自动控制技术

从某种意义上讲，机电一体化系统的优劣在很大程度上取决于控制系统的好坏，机电一体化系统靠控制系统完成信息处理功能。所谓自动控制技术，就是通过控制器使被控对象或过程自动地按照预定的规律运行。自动控制技术的广泛使用，不仅大大提高了劳动生产率和产品质量，改善了劳动条件，而且在人类征服大自然、探索新能源、发展空间技术与改善人类物质生活等方面起着极为重要的作用。自动控制技术这一学科主要讨论控制原理，包括控制规律、分析方法和系统构成等。机电一体化将自动控制作为重要的支撑技术，自动控制技术装置是它的重要组成部分。

自动控制技术主要以传递函数为基础，研究单输入、单输出、线性自动控制系统分析与设计问题的经典控制技术，其发展较早，且日臻成熟。在工程上成功地解决了诸如伺服系统自动控制的实践问题。

随着科学技术发展和工程实践的需要而发展起来的现代控制技术主要以状态空间法为基础，研究多输入、多输出、变参量、非线性、高精度、高效能等控制系统的分析和设计问题，最优控制、最佳滤波、系统识别、自适应控制等都是这一领域研究的主要问题。近年来，由于计算机技术和现代应用数学的快速发展，现代控制技术在系统工程和模仿人类活动的智能控制等领域取得了重大发展。

在机电一体化技术中，诸如高精度定位控制、速度控制、自适应控制、自诊断、校正、补偿等自动控制技术都是重要的关键技术。现代控制理论的工程化与实用化以及优化控制模型的建立、复杂控制系统的模拟仿真、自诊断监控技术及容错技术等都是有待研究的课题。

（四）伺服驱动技术

伺服驱动技术主要是机电一体化产品中的执行元件和驱动装置设计中的技术问题，它涉及设备执行操作的技术，对所加工产品的质量具有直接的影响。机电一体化产品中的执行元件有电动、气动和液压等类型，其中多采用电动式执行元件，驱动装置主要是各种电动机的驱动电源电路，目前多由电力器件及集成化的功能电路构成，执行元件一方面通过接口电路与计算机相连，接受控制系统的指令；另一方面通过机械接口与机械传动和执行机构相连，以实现规定的动作。因此，伺服驱动技术直接影响着机电一体化产品的功能执行和操作，对产品的动态性能、稳定性能、操作精度和控制质量等产生着决定性的影响。

例如，直流伺服电机的控制性能、速度与转矩特性的稳定性，交流电机系统的变频调速、电流逆变技术、电磁铁的体积大小、工作可靠性问题，液压与气动执行机构的精度、响应速度等技术问题都是机电一体化系统设计中心需研究的技术。

（五）接口技术

机电一体化系统是机械、电子和信息等性能各异的技术融为一体的综合系统，其构成要素和子系统之间的接口极其重要。从系统内部看，输入 / 输出是系统与人、环境或其他系统之间的接口。从系统内部看，机电一体化系统是通过许多接口将各组成要素的输入 / 输出联成一体的系统。因此，各要素及各子系统之间的接口性能就成为综合系统性能好坏的决定性因素。机电一体化系统最重要的设计任务之一就是接口设计。

（六）精密机械技术

精密机械技术是机电一体化的基础，因为机电一体化产品的主要功能和构造功能大都以机械技术为主才能实现。随着高新技术引入机械行业，机械技术面临着挑战和变革。在机电一体化产品中，它不再是单一地完成系统间的连接，系统结构、质量、体积刚性与耐用性方面对机电一体化系统有着重要的影响。机电一体化产品对机械零部件，如导轨、珠丝杠、轴承、传动部件等的材料、精度、机电一体化的技术相适应，以实现结构上、材料上、性能上的变更，同时满足减轻质量、缩小体积、提高精度、提高刚度、改善性能的要求。

在制造过程的机电一体化系统中，经典的机械理论与工艺借助于计算机辅助技术，同时采用人工智能与专家系统等，形成了新一代的机械制造技术。这里原有的机械技术以知识和技能的形式存在，是任何其他技术都替代不了的。如计算机辅助工艺规划（CAPP）是目前 CAD/CAM 系统研究的瓶颈，其关键问题在于如何将广泛存在于各行业、企业、技术人员中的标准、习惯和经验进行表达和陈述，从而实现计算机的自动化工艺设计与管理。

（七）监控与诊断技术

监控与诊断技术对于保证机电一体化设备的可靠运行，充分发挥其效能具有重要意义。机电一体化系统规模的扩大和自动化程度的日益提高，促进了设备状态检测与诊断技术的发展。监测包括测量加工过程的物理状态、工艺状态和工艺效果等方面的内容。诊断则可通过故障机理研究，根据设备故障模型，把设备诊断分为状态型诊断、性能型诊断和功能型诊断。通过诊断，可预测系统的功能和可靠性，识别故障原因、部位及程度，决定维修方案。人工智能、专家系统引入，使诊断技术进入了一个崭新的阶段。

（八）系统总体技术

机电一体化系统的多功能、高精度、高效能要求和多领域技术的交叉不可避免地使产品本身及其开发设计技术复杂化。系统的总体性能不仅与各构成要素的功能、精度有关，而且有赖于各构成要素是否进行了很好的协调与融合。系统总体技术就是从整体目标出发，用系统的观点和方法，将机电一体化产品的总体功能分解成若干功能单元，找出能够完成各个功能的可行性技术方案。系统总体技术的目的是在机电一体化产品各个组成部分的技术成熟、组件的性能和可靠性良好的基础上，通过协调各组件的相互关系和所用技术的一致性来保护产品实现其经济、可靠、高效和操作方便等价值。系统总体技术是系统指标得以实现的关键技术。

在机电一体化产品中，机械、电气和电子是性能规律截然不同的物理模型，因而存在匹配上的困难；电气、电子又有强电与弱电、模拟与数字之分，必然会遇到相互干扰与耦合的问题；系统的复杂性带来的可靠性问题；产品的小型化增加了状态监测与维修的困难；多功能化造成诊断技术的多样性等。因此需考虑产品整个寿命周期的总体综合技术。

为了开发具有较强竞争能力的机电一体化产品，系统总体设计除考虑优化设计外，还包括可靠性设计、标准化设计、系列化设计以及造型设计。

三、机电一体化技术与其他技术的区别

（一）机电一体化技术与传统机电技术的区别

传统机电技术的操作控制主要通过具有电磁特性的各种电器来实现，如继电器、接触器等，在设计中不考虑或很少考虑彼此间的内在联系；机械本体和电气驱动界限分明，整个装置是刚性的，不涉及软件和计算机控制。机电一体化技术以计算机为控制中心，在设计过程中强调机械部件和电器部件间的相互作用和影响，整个装置在计算机控制下具有一定的智能性。

（二）机电一体化技术与并行工程的区别

机电一体化技术将机械技术、微电子技术、计算机技术、控制技术和检测技术在设计和制造阶段有机地结合在一起，十分注意机械和其他部件之间的相互作用。而并行工程将上述各种技术尽量在各自范围内齐头并进，只在不同技术内部进行设计制造，最后通过简单叠加完成整体装置。

（三）机电一体化技术与自动控制技术的区别

自动控制技术的侧重点是讨论控制原理、控制规律、分析方法和自动系统的构造等。机电一体化技术将自动控制原理及方法作为重要支撑技术，将自控部件作为重要控制部件，应用自控原理和方法，对机电一体化装置进行系统分析和性能测算。

（四）机电一体化技术与计算机应用技术的区别

机电一体化技术只是将计算机作为核心部件应用，目的是提高和改善系统性能。计算机在机电一体化系统中的应用仅仅是计算机应用技术中的一部分，它还可以在办公、管理及图像处理等方面得到广泛应用。机电一体化技术研究的是机电一体化系统，而不是计算机应用本身。

第二章　机电一体化系统的总体设计

机电一体化系统是机电一体化设备与产品的总称，它表示将设备与产品视为一个整体。机电一体化系统设计的第一个环节是总体设计，即在具体设计之前对所要设计的机电一体化系统的各方面，本着简单、实用、经济、安全、美观等基本原则所进行的综合性设计。其主要内容有：产品规划、概念设计、总体结构设计、接口设计、造型与环境设计、主要参数及技术指标的确定、总体方案的评价与决策等。

在总体设计过程中，应逐步形成下列技术文件与图纸。

（1）系统工作原理简图；

（2）控制器、驱动器、执行器、传感器工作原理图等；

（3）总体设计报告；

（4）总装配图；

（5）部件装配图。

对于新设备、新产品通常还要经过模拟试验装置的设计与试制、样机的设计与试制、定型设计与试制三个阶段，以求各项性能指标达到设计要求。

总体设计是机电一体化系统设计的最重要的环节，它的优劣直接会影响系统的全部性能及使用情况。在总体设计中要充分应用现代设计方法中提供的各种先进设计原理，同时重视科学试验。应使总体设计在原理上新颖正确、实践上可行、技术上先进、经济上合理。

总体设计给具体设计规定了总的基本原理、原则和布局，指导具体设计的进行，而具体设计则是在总体设计基础上进行具体化，并不断丰富和修改总体设计。两者相辅相成，有机结合，常交错进行，不能断然分开。

第一节　机电一体化系统的产品规划

机电一体化系统的功能是用来改变物质、信号或能量的形式、状态、位置或特征，归根结底是实现一定的运动并提供必要的动力。所实现运动的自由度数、轨迹、行程、精度、速度、稳定性等性能指标，通常要根据工作对象的性质，特别是根据系统所能实现的功能指标来确定的。对用户提出的功能要求，系统一定要满足，反过来对于产品的多余功能或过剩功能则应设法剔除。即首先进行功能分析，明确产品所应具有的工作能力，然后提出产品的功能指标。

机电一体化系统（产品）的设计大致有以下三种类型。

（1）开发性设计（全新设计）。即没有参照产品的设计，仅仅是根据抽象的设计原理和要求，设计出在质量和性能方面满足目的要求的产品或系统。最初的录像机、摄像机、电视机的设计就属于开发性设计。

（2）适应性设计。即代替原有的机械结构；或为了实现自动控制对机械结构进行局部适应性修改，以便为产品的性能和质量增加某些附加价值。例如，电子式照相机采用电子快门、自动曝光代替手动调整，使其小型化、智能化；汽车的电子式汽油喷射装置代替原来的机械控制汽油喷射装置，电子式缝纫机使用微机控制就都属于适应性设计。

（3）变参数设计。即是在设计方案和功能结构不变的情况下，仅改变现有产品的规格尺寸使之适应于量的方面有所变更的要求。例如，由于传递转矩或速比发生变换而重新设计传动系统和结构尺寸的设计。

机电一体化领域多变的设计类型，要求我们摸索一套现代化设计的普遍规律，以适应不断更新换代的需要。所有机电一体化设计都是为了获得用来构成事物（产品或系统）的有用信息。因此必须从信息载体中提取可感知的或不可感知的、真伪难辨的信息，促进机械与电子的有机结合，以满足人们的多样化需求。

进行机电一体化产品规划常用的步骤有：市场调查、市场预测和产品构思。

一、市场调查

所谓市场调查就是运用科学的方法，系统地、全面地收集有关市场需求和经销方面的情况和资料，分析研究产品在供需双方之间进行转移的状况和趋势，为所要进行的市场分析与预测提供依据。

市场调查的常用方法主要有以下几种。

（一）走访调研、查资料

由企业内部整理或向有关部门、图书资料部门走访调查，搜集查找有关经营信息和技术经济问题的历史与现状资料。

（二）抽样调查

通过向有限范围调查、搜集资料和数据而推测总体的预测方法，在抽样调查时，要注意问题的针对性、对象的代表性和推测的局限性。

（三）类比调查

调查了解某些国家或其他单位开发类似产品所经历的过程、速度和背景等情况，并分析比较其与自身环境条件的相似点和不同点，以此类推某种技术和产品开发的可能性与前景。

（四）专家调查

通过调查表向专家征询意见。

二、市场预测

市场预测就是在市场调查的基础上，运用科学的方法和手段，根据历史资料和现状，通过定性的经验分析或定量的科学计算，对市场未来的不确定因素和条件做出预计、测算，为产品规划提供决策依据。

运用相关系数法，对影响预测结果的各种因素进行相关分析和筛选，根据主要影响因素和预测对象的数量关系建立数学模型，对市场发展情况做出定量预测。

（一）时间序列回归法

将预测对象的历史资料按时间次序排列，回归成预测对象随时间变化的数学函数表达式 $y=f(t)$，将此函数关系外推，预测发展趋势。

（二）因果关系回归法

很多预测目标和某些影响因素之间存在着因果关系，如不同渠道对产品的需求量的变化，将影响产品总销售量。如果把原因看作自变量，利用数理统计的回归法，可求出表达这种因果关系的多变量线性回归方程，从而对产品市场的未来发展进行分析和预测。

（三）产品生命周期法

任何工业产品都有一个开发、投产、成长、成熟直至淘汰的过程，整个过程所经历的时期称为产品的生命周期，通常分为投入期、成长期、成熟期和衰退期四个阶段。在技术经济活动中，分析准备发展的技术和运用这种技术开发生产的产品将处于产品生命周期的哪个阶段，即产品将拥有多长的生命周期是极为重要的。可采用专家征询调查的定性分析法，也可用定量分析法。定量分析法是将研究目标（如某产品的销售量）首先用某个定量指标 y 表示，然后用 dy/dt 表示 y 随时间 t 的变化量，并用 dy/dt 表示 y 相对于其自身的增长率。通过增长率的计算分析，可推测产品目前的生命周期阶段。当增长率接近零时，产品显然已缺乏生命力，需要另外开辟新市场或更新。

因为产品的销售利润反映了产品的销售价格和销售量，所以在确定产品的生命周期时，还可以把利润变化曲线和销售量变化曲线同时联系起来分析、预测。一般处在发展期的产品销售量较少，单位产品的利润较大；处在成熟期的产品销售量大，单位产品的利润却不一定很高；而处在衰退期的产品其销售量会逐年下降，单位产品的利润下降则更为显著。

三、产品构思

一个好的产品构思，不仅能带来技术上的创新、功能上的突破，还能带来制造过程的简化、使用的方便及经济上的高效益。因此，机电一体化产品设计的特点就是通过创新，充分发挥创造力，来构思和创造新的方案。创新方案可采用以下方法。

（一）专家调查法

请专家发表意见，选择并集中其中的新思想来创造新方案。

（二）头脑风暴法

召集创新方案的会议，鼓励与会人员自由奔放地思考问题发表意见。

（三）检查诘问法

通过提出问题引导人们对设计方案提出新的构思。

（四）检索查表法

详细列出若干值得推敲的问题进行对照检查，以图改进方案。

（五）特性列举法

将研究对象按其特性加以表述，并逐一研究其实现方法。

（六）缺点列举法

列举已有构思、设计方案或已有产品的各种缺点，以激发人们改善方案。

（七）希望列举法

通过列举希望改进的意见，揭示人们的创新方案。

第二节　机电一体化系统的概念设计

设计概念的更新是机电一体化系统设计区别于传统设计的显著特征。现代设计的实践活动是由现代设计方法学等设计理论做指导，有意识地按照设计活动自身的内在规律进行的设计，不同于主要依靠设计经验的传统设计工作。

现代设计致力于澄清设计任务与设计目标，全面系统地确定设计过程的起始条件和最佳结果。并在此基础上，尤其强调抽象的设计构思，防止过早地进入具体结果分析，使结果既在系统的工作原理和结构有关的本质上有所创新，又能结合实际，达到预期的目标。

现代设计提倡采用发散式的以功能设计为主的设计思维，并自始至终地寻求各种可行方案，以便从中筛选最佳方案，从而改变传统设计中封闭式的面向结构的思维方式。

机电一体化系统设计是一门综合性的技术，是一项多学科、多单元组成的系统工程。研究系统最基本的原则之一是整体性原则，如果能将系统内的各单元有机地组合，各单元的功能不仅能相互叠加，而且能相互辅助、相互促进与提高，使系统的整体功能大于各单元的简单组和，即实现“整体大于它的各部分的总和”；但是，如果不能实现有机组合，由于系统内各单元的差异性，在组成系统后，单元之间由于协调不当或约束不力而产生内“摩擦”，出现内耗，反而可能出现整体小于部分总和的现象。因此在机电一体化系统设计中，必须自觉地运用系统工程的概念和方法，在设计系统时把好整体性原则，这对设计的成功与否具有关键的意义。

机电一体化系统的概念设计就是根据产品（系统）的功能要求，从系统工程的观点出发，对产品（系统）的功能进行分解与综合。其核心是把复杂的设计要求通过功能关系的分析，抽象为简单的模式，以便寻找能满足设计对象主要功能关系的原理方案。

一、设计任务的抽象化

实践证明，完成同一设计任务往往会有许多不同的方案。迄今为止，许多设计人员习惯先画几个总体方案图，从中选择一个，便进行具体详细的设计。这种做法的弊端带有很大的盲目性，无法判断方案是否最佳。设计人员的知识和经验都有一定的局限性，很容易在原理方案构思之前就形成了某种框框，因而妨碍了思维，束缚了创造力。此外，设计要求明细表相当繁杂，不利于直接求解。所以抽象化的目的是：使设计人员暂时抛弃那些偶然情况和枝节问题，突出基本的、必要的要求，抓住问题的核心。同时应避免构思方案前形成的固化思维，需放开视野，寻求更为理想的设计方案。

总之，通过抽象化，设计人员无须设计具体解决方案，就能清晰地掌握所设计的产品的基本功能和主要约束条件，从而抓住了设计中的主要矛盾。这样，就可以把思维注意力集中到关键问题上，容易有所突破和创新。

工程设计中常用的抽象方法是“黑箱”法。对于所设计的机电一体化系统来说，在求解之前，犹如一个看不清其内部结构的“黑箱”。通过“黑箱”可以明确所设计的系统与输入 / 输出量及外界环境的关系，这就便于摆脱具体的东西而按功能进行分析和思考，所以要比过早的确定某种原理方案更有利于启发设计人员寻找新的、更好的方案。

系统的任何输入/输出都可用物料、能量、信号来概括。

物料：固体、液体、气体等任何物体；

能量：机械能、电能、化学能、热能、原子能、光能等任何能量；

信号：测量值、数据、指示值、控制信号、波形、图形等任何形式的信号。

物料流、能量流、信号流都有量和质的差异，如，数目、体积、消耗量、功率及允许偏差、质量等级、性能、效率等方面的差异。但在“黑箱”法研究中，只对上述三种流进行定性的描述，以使问题简化，便于构思原理方案。

求解所设计系统的总功能时，常采用“黑箱”法，即将待求系统看作“黑箱”，分析和比较系统的输入和输出的物料流、能量流、信号流的差别和关系，继而反映出系统的总功能，然后探求系统的机理和结构，逐步使“黑箱”透亮，直至方案拟定。

二、功能结构分析

为了打开黑箱，必须确定黑箱要求能实现工作对象转化的工作原理。一般情况下，系统都比较复杂，难以直接求得满足总功能的系统方案，我们可按系统分解的方法进行功能分解，建立功能结构图，这样既可显示各功能元、分功能与总功能之间的关系，又可通过各功能元之间的有机组合得出系统方案。

（一）功能结构示意图

对于技术系统来说，其功能就是指输入量与输出量之间的关系。功能是系统的属性，它表明系统的效能及可能实现的能量、物料、信号的传递和转换。

功能结构即将总功能分解成复杂程度较低的分功能，并相应找出各分功能的原理方案，从而简化了实现总功能的原理构思。如果有些分功能还太复杂，则可进一步分解到较低层次的分功能，分解到最后的基本功能单元称为功能元。所以，功能结构图应从总功能开始。以下有一级分功能、二级分功能……其末端是功能元。前级功能是后级功能的目的功能，后级功能是前级功能的手段功能。另外，同一层次的功能单元组合起来，应能满足上一层功能的要求，最后合成的整体功能应能满足系统的要求。至于对某个具体的技术系统来说，其总功能需要分解到什么程度，则取决于在哪个层次上能找到相应的物理效应和结构来实现其功能要求。这种功能的分解关系称为结构。

（二）功能元

功能元是能直接从物理效应和逻辑关系找到可满足功能要求的最小单位。机电一体化系统设计中常用的基本功能元可分为：物理功能元、逻辑功能元、数学功能元。

1. 物理功能元

“变换”功能元，可以是不同形式的能量之间的变换（如电能转换为机械能）、运动形式的变换、物态的转变或信号类型的变换（如光电管、电铃等）。

“缩放”功能元，指各种能量、信号量或物理量的放大及缩小。

“合并、分离”功能元，包括能量、物料、信号在不同质或同质不同数量上的结合与分离。

“传导、隔阻”功能元，反映数量、物料、信号在位置上的变化。

“储存”功能元，该功能元体现一定时间内的保存功能。如飞轮、弹簧、电池等对能量的储存，还有常见的物料存储器及信号储存设备等。

2. 基本逻辑功能元

有“与”“或”“非”元，主要用于信号及操作系统控制。

这些逻辑关系广泛用于复杂的产品，如数控机床或自动线上，对完成动作的顺序和时间有严格的要求，借助逻辑分析很容易搞清各分功能之间的关系。在上述三种基本逻辑关系的基础上，可以组合出有更复杂逻辑关系的功能元，例如，与或门、与非门，或非门等。

逻辑关系多与操作方式、顺序、安全性、可靠性、抗干扰性有关，由系统的边界条件来确定。运用逻辑关系式进行分析、计算和优化，可使逻辑功能的分析大为简化。改变逻辑关系，常会衍生出不同的方案。

另外，在机电一体化系统中还会碰到一些数学功能元，如加、减、乘、除、乘方、开方等，这些都是可以容易实现的基本功能元。

（三）功能元实施原理方案的选择

在机电一体化系统中，各种功能都只有在以自然科学原理为基础的技术效应基础上才能实现。以物理学为主要基础的力学、机械学、电学、磁学等原理广泛应用于工程技术的各个领域，将这些基本原理通过一定的结构方式在工程技术上加以利用，就是所谓的物理效应。例如，力平衡的物理原理，而由此导出的杠杆机构、滑轮机构等就是物理效应。同一种物理效应又可以实现各种功能，杠杆效应就可以实现力的放大、缩小、换向等功能。更重要的是，同一种功能可以用不同的物理效应来实现，为了选出最佳的功能元实施原理方案，可以通过以下几种途径：

（1）参考有关资料、专利或产品求解。

（2）利用创造性思维方法开阔思路，探寻新颖解。

（3）利用设计目录。

无论用什么方法求解原理方案，都应注意以下几点：

（1）要考虑设计要求及附加要求，如当要求采用机械传动，就不必过多地考虑液压、电磁等方面的物理效应。

（2）不仅要针对某项具体功能元，还要兼顾全局及其他相关的功能元，最好能将几个功能元用一个物理效应来实现，使原理方案简化。

（3）对于体现产品特色的，关键性的功能元，应多考虑采用创造性方法求解之。

（4）对于一个功能元可以尽可能多地提出几种物理效应，以便为方案的构思和评价提供较多的选择。

三、建立功能结构图

在功能分解中要求同级分功能组合起来满足上一级分功能的要求，最后一组合起来应能满足总功能的要求。

（一）基本功能结构

以功能元为基础，组合成功能结构的方式有三种基本类型，分别为串联结构、并联结构、反馈结构。这些基本功能结构类似于电路图中的串联、并联和反馈。

（二）系统功能结构图的建立

实际设计时，建立系统功能结构可以从系统功能分解出发，分析功能关系和逻辑关系。首先从上层分功能的结构考虑起，建立该层功能结构的雏形，再逐层向下细化，最终得到完善的功能结构图。

按照这种方式，无论系统多么复杂，功能结构的建立都可以有计划、有步骤、有条不紊地进行。系统规模再大，复杂程度不会随之增大，只是多建立几层功能结构而已。

四、选择系统原理方案

功能结构建立之后，即可选定各功能元的解，即各功能元对应的技术物理效应和功能载体。如果把这些功能载体根据功能结构进行合理组合，则可得到实现总功能的各种总体方案。在进行方案构思时利用形态学方法建立形态学矩阵，对开拓思路、探求科学的创新方案是有效的。可将系统的功能元与功能元对应的解，分别列为纵坐标和横坐标。

（1）各功能元原理方案之间在物理上的相容性鉴别，可以从功能结构中的能量流、物料流、信号流能否不受干扰地连续流过，以及功能元的原理方案在几何学和运动学是否有矛盾来进行直觉判断，从而剔除那些不相容的方案。这些工作可以用计算机来处理。

（2）从技术、经济效益较好的角度，初步挑选出几个较有希望的方案再进行进一步的比较。

设计人员可根据自己的经验，借鉴类似设计和前期构思中形成的初步设想，再结合以上两点，就可以在众多的原理方案中确定几个较好的方案。

第三节　机电一体化系统的接口设计

一、接口的功能与分类

机电一体化系统（产品）由许多要素或子系统构成，各要素或子系统之间必须能顺利进行物质、能量和信息的传递与交换。为此，各要素或各子系统相接处必须具备一定的联系条件，这些联系条件就可称为接口（Interface）。从系统外部看，机电一体化系统的输入 / 输出是与人、自然及其他系统之间的接口；从系统内部看，机电一体化系统是由许多接口将系统构成要素的输入 / 输出联系为一体的系统。从这一观点出发，系统的性能在很大程度上取决于接口的性能，各要素或各子系统之间的接口性能就成为综合系统性能好坏的决定性因素。机电一体化系统是机械、电子和信息等功能各异的技术融为一体的综合系统，其构成要素或子系统之间的接口极为重要，从某种意义上讲，机电一体化系统设计归根结底就是“接口设计”。

广义的接口功能有两种，一种是输入 / 输出；另一种是变换、调整。

（1）根据接口的变换、调整功能，可将接口分成以下四种：

①零接口。不进行任何变换和调整、输出即为输入等，仅起连接作用，如输送管、接插头、接插座、接线柱、传动轴、导线、电缆等。

②无源接口。只用无源要素进行变换、调整，如齿轮减速器、进给丝杠、变压器、可变电阻器及透镜等。

③有源接口。含有有源要素，主动进行匹配，如电磁离合器、放大器、光电耦合器、D/A 和 A/D 转换器及力矩变换器等。

④智能接口。含有微处理器，可进行程序编制或可适应性地改变接口条件，如自动变速装置、通用输入 / 输出接口芯片（8255 等通用 I/O）、GP-IB 总线、STD 总线等。

（2）根据接口的输入 / 输出功能，可将接口分为以下五种：

①人机接口。人与机电一体化系统的联系。

②机械接口。根据输入 / 输出部位的形状、尺寸精度、配合、规格等进行机械连接，如联轴节、管接头、法兰盘、万能插口、接线柱、接插头与接插座及音频盒等。

③物理接口。受通过接口部位的物质、能量与信息的具体形态和物理条件约束，如受电压、频率、电流、电容、传递转矩的大小、气（液）体成分（压力或流量）约束的接口。

④信息接口。受规格、标准、法律、语言、符号等逻辑、软件的约束，如 GB、

ISO、ASCII 码、RS-232C、FORTRAN、C、C++、VC、VB 等。

⑤环境接口。对周围环境条件（温度、湿度、磁场、火、振动、放射能、水、气、灰尘）有保护作用和隔绝作用，如防尘过滤器、防水连接器、防爆开关等。

在机电一体化产品（系统）总体设计阶段，重点要考虑人机接口设计和机电接口设计。

二、人机接口设计

人机接口设计是总体设计的重要部分之一，它是把人看成系统中的组成要素，以人为主体来详细分析人和机器系统的关系。其目的是提高人－机系统的整体效能，使人能够舒适、安全、高效地工作。

（一）人机接口设计的基本要求

人机接口设计应与人体的机能特性和人的生理、心理特性相适应，具体有以下要求：

（1）总体操作布置与人体尺寸相适应；

（2）显示清晰，易于观察，便于监控；

（3）操纵方便省力，减轻疲劳；

（4）信息的检测、处理与人的感知特性和反应速度相适应；

（5）安全性、舒适性好，使操作者心情舒畅、情绪稳定。

（二）人机接口形式

一般人机结合具体形式是有很大差别的，但都会有信号传递、信息处理、控制和反馈等基本功能。

从工作特性来看，人机系统可分为开环与闭环两种。对于自动化程度比较高的机电一体化系统，在系统工作时，基本上不需要人的介入，只是在系统工作前，由人设定初始参数、发出系统启动指令，工作过程中，人对其工作状况进行监督、处理一些异常状况、发出停机指令等，这样的人机系统为开环系统。对于自动化程度比较低的机电一体化系统，人要参与到工作过程中，比如人操作普通机床加工零件，那么零件的加工精度、系统的工作效率，与人的经验、工作状态密切相关，人是整个系统中的一个重要环节，这样的机系统则为闭环系统。机电一体化系统设计的一个主要原则就是尽量减少人在系统中的作用。

按人在系统中扮演的角色来看，人机系统可分为人机串联结合与并联结合两种形式。

（三）人机接口设计要点

人机接口设计的核心是确定最优的人机功能分配，将人和系统有机地结合起来组成高效的完整系统。

功能分析就是从人和系统各自的特点出发做出各种比较，例如，检测能力、操作能力、信息处理机能、耐久性、可靠性、效率、适应力等，并充分考虑人体的机能特性。例如，人体尺度，作业效率，疲劳极限，人的感知特性和反应时间、心理、生理特性等。

在进行功能分配时，要充分发挥人与系统各自的特性进行协调的界面设计，即人机接口设计。这种接口的硬件设计主要是显示装置与控制装置的设计。

1. 显示器设计

显示器设计的基本要求是，使操作者获取信息的过程迅速，准确而不疲劳。人机系统设计所要解决的不是具体的技术问题，而是从适合人的使用的角度，向设计人员提供必要的参数和要求。显示器主要有两种，一种是听觉显示，如蜂鸣器、铃、喇叭、报警器等；另一种是视觉显示，如影视屏幕、测量仪表、信号灯、标记等。当设计信息显示器时，应按信息的种类和人的视觉、听觉等感知器官的特性来选择设计显示器的类型。

2. 控制器设计

利用人本身发出的位移、力、声、热等信号去控制系统工作的装置叫作控制器。根据人体的特性可以设计出手动控制器、脚动控制器及声控、人体的光电控制等各种控制器。控制器设计的核心思想是实现最简单、最方便的操作。一切控制器，都应适合人体特征的要求，应布置在人的肢体活动所能达到的范围内；控制器的尺度应与人体的尺度相适应；控制器的用力范围也应在人的体力范围之内，并应按人的反应速度确定操纵速度的要求。所以控制器设计的基本要求是，便于识别、操作简单省力、形状美观、尺度适合等。

3. 监控子系统设计

由显示器、控制器和操作者组成的子系统即为监控系统。应把显示器、控制器的设计与人的获取信息与输出信息的特性结合起来考虑。同时要考虑人体测量值、眼的机能、上下肢的动作特点等。设置时在监控系统的上方配置显示部分，在下方部位或手前方配置控制部分。典型的例子是汽车驾驶室中设计的监控系统。

监控系统设计时还应注意协调控制量与显示量的关系。控制器的操作量 C 和显示量 D 之间的比例称为监控比，记为 C/D。一般来说监控比小的监控量，适用于粗调场合，它的调节时间短，但精度差；监控比大的控制量，适于精调，容易控制，但速度慢。

三、机电接口设计

机电一体化设计比单一门类的设计有更多的可选择性和设计灵活性，因为某些功能既可以采用机械方案来实现，也可以采用电子硬件或软件方案来实现，如机械计时器可由电子计时器替代、汽车上的机械式点火机构可由微型机控制的电子点火系统替代、步进电机的硬件环形分配器可由软件环形分配器替代等。实际上，这些可以互相替代的机械、电子硬件或软件方案必然在某个层次上可实现相同的功能。

从系统功能框图中可以看出，各个组成环节的特性是相互关联的，而且共同影响系统性能。机电接口的总体设计阶段设计，就是在确定各功能元的原理方案后，合理匹配各功能元之间的性能参数和技术指标，特别是机械系统与电气系统之间、硬件与软件之间的性能参数和技术指标。一般情况下，后续的设计往往是机械与电气、硬件与软件分别由不同的设计组完成。

根据机械系统与电气系统各自的特点，机电接口按照信息的传递方向可以分为信息采集接口（传感器接口）与控制量输出接口。

（一）信息采集接口的任务与特点

在机电一体化产品中，控制单元要对机械装置进行有效控制，使其按预定的规律运行，完成预定的任务，就必须随时对机械系统的运行状态进行监控，随时检测各种工作和运行参数，如位置、速度、转矩、压力、温度等。因此进行系统设计时，必须选用相应传感器将这些物理量转换为电量，再经过信息采集接口的整形、放大、匹配、转换，变成控制单元可以接收的信号。传感器的输出信号中，既有开关信号（如限位开关、时间继电器等），又有频率信号（超声波无损探伤）；既有数字量，又有模拟量（如温敏电阻、应变片等）。

针对不同性质的信号，信息采集接口要对其进行不同的处理，如对模拟信号必须进行模 / 数转换，变成计算机可以接受的数字量再传送给计算机。另外，在机电一体化产品中，传感器要根据机械系统的结构来布置，环境往往比较恶劣，易受干扰；再者，传感器的安装应能够准确反映机械部件的真实状况，而且不会对机械系统的静态、动态性能产生显著影响，不会造成机械结构的重大改变；此外，传感器与控制计算机之间常要采用长线传输，加之传感器输出信号一般又比较弱，所以抗干扰设计也是信息采集接口设计中的一项重要内容。

（二）控制输出接口的任务与特点

控制单元通过信息采集接口检测机械系统的状态，经过运算处理，发出有关控制信号，再经过控制输出接口的匹配、转换、功率放大，驱动执行元件去调节机械系统的运行状态，使其按设计要求运行。根据执行元件的需要不同，输出接口的任务也不同。由于机电系统中执行元件多为大功率设备，如电动机、电热器、电磁铁等，这些设备产生的电磁场、电源干扰往往会影响控制单元的正常工作，所以抗干扰设计同样是控制输出接口设计时应考虑的重要内容。另外，电气设备与机械系统的连接方式，不同原理器件间的参数匹配也应该在详细设计之前确定。

机械、电子硬件和软件技术都有各自的设计方法，这些方法遵循不同的原理，适应不同的工艺特点，不能彼此替代。在机电一体化产品中，除包含有机械和电子环节外，还可能具有涉及其他学科技术的环节，比如化学的、光学的环节等。对于涉及多种学科技术的机电一体化产品，难以获得一种通用的统一设计方法。目前，多采用多方案优化的方法来进行总体设计，即在满足约束条件（特征指标）的前提下，采用不同原理及不同品质的组成环节构成多种可行方案，用优化指标对这些方案进行比较、优选，从而获得满足特征指标要求，且优化指标最合理的总体设计方案。

第四节　机电一体化系统的造型与环境设计

一、艺术造型设计

机电产品进入市场后，首先给人的直觉印象就是其外观造型，先入为主是用户普遍的心理反应。随着科学技术的高速发展，人类文化、生活水平的提高，人们的需求观和价值观也发生了变化，经过艺术造型设计的机电产品已进入人们的工作、生活领域，艺术造型设计已经成为产品设计的一个重要方面。

（一）艺术造型设计的基本要求

（1）布局清晰。条理清晰的总体布局是良好艺术造型的基础。

（2）结构紧凑。节约空间的紧凑的结构方式有利于良好的艺术造型。

（3）简单。应使可见的、不同功能的部件数减少到最少限度，重要的功能操作部件及显示器布置方式一目了然。

（4）统一与变化。整体艺术造型应显示出统一的风格和外观形象，并有节奏鲜明的变化，给人以和谐感。

（5）功能合理。艺术造型应适于功能表现，结构形状和尺寸都应有利于功能目标的体现。

（6）体现新材料和新工艺。目的是体现新材料的优异性和新工艺的精湛水平。

（二）艺术造型的三要素

艺术造型是运用科学原理和艺术手段，通过一定的技术与工艺实现的。技术与艺术的融合是艺术造型的特点。功能、物质技术条件和艺术内容构成了机电产品艺术造型的三要素。这些要素之间存在着辩证统一的关系，在艺术造型的过程中要科学地反映它们之间的内在联系，通过艺术造型充分体现产品的功能美、技术美。

（三）艺术造型设计的基本过程

对一个机电产品艺术造型的具体构思来说，考虑问题要经过由功能到造型，由造型再到功能的反复过程；同时又要经过由总体到局部，由局部返回到总体的反复过程。因此造型设计贯穿了产品设计的全过程，其设计特点以形象思维为主。

（四）艺术造型的设计要点

（1）稳定性。对于静止的或运动缓慢且较重的产品，应该在布置上力求使其重心得到稳固的支撑，并从外观形态到色彩搭配运用都给人以稳定的感觉。

（2）运动特性。总体结构利用非对称原理可使产品具有可运动的特性。如对于许多运输设备，无论从上面看，从前面看，或从后面看都是对称的，给人以稳定感，但从侧面看不对称的前后部分可使形状产生动态感，如在长方形中利用斜线、圆角或流线来反映运动特性。

（3）轮廓。产品的外形轮廓给人的印象十分重要，通常采用“优先数系”来分割产品的轮廓，塑造产品协调、成比例的外观给人以和谐的美感。

（4）简化。产品外形上不同形状和大小的构件越多，就越显繁杂，难以与简单、统一协调的要求相吻合。因此，可把一些构件综合起来，尽量减少外露件的数目。

（5）色调。色调的效果对人的情绪影响很大。选用合理的色调，运用颜色的搭配组成良好的色彩环境，能使产品的艺术造型特征得以充分的发挥，以满足人们心理的审美要求。

二、环境设计

机电一体化产品以其性能优势和技术上的优势被广泛地应用于各种场合。由于使用环境的不同对机电一体化产品的性能也提出了不同的要求，对这些要求在机电一体化产品的开发研制过程中必须给予充分考虑，这样才能获得良好的设计效果。环境对机电一体化产品的要求可以从以下几个方面来考虑。

（一）工作环境与构件的材料

机械结构是机电一体化系统的重要组成部分，在选择机械传动件、结构件的材料时，除了必须考虑对结构的强度要求、刚度要求和质量要求外，还必须考虑使用环境的要求。如用于海洋开发的机电产品，必须考虑材料的防腐蚀性和耐腐蚀性问题；用于航天的产品必须考虑环境的温度变化对材料性能的影响，宇宙射线对材料理化特性的影响；医疗产品要考虑材料是否对人体有害，是否防锈等指标；用于化工生产的机电一体化产品，则必须考虑材料的防腐问题。

由于近年来复合材料的发展，许多复合材料的物理性都可以与金属材料相媲美，甚至比金属材料还要好。如材料的韧性、耐磨性等。复合材料更以其优良的化学性能而受到科技工作者的青睐，例如耐腐性、温度稳定性等。因此在考虑机电一体化产品的结构设计和选材时，应当不要仅把眼光放在金属材料上，对复合材料也要给予足够的重视，这样才能使所设计产品的综合性能更优良，更能适应于不同工作环境的要求。

（二）工作环境与控制系统

由于许多环境都存在各种电辐射、电网干扰、振动等干扰因素，这些对控制系统是非常有害的，如果处理不当，会直接威胁系统的工作安全。因此，在选择机电一体化系统的控制方法时，必须考虑工作环境的特点，采取必要的措施，这样才能保证机电一体化系统能安全可靠地工作。

（1）家用电器。家用电器的工作环境相对较好，短时的停止或失控一般不会造成严重后果，提高家电的抗干扰能力会增加其成本，因此一般不需对其进行抗干扰设计。但是，对于一些涉及家电安全和人身安全的问题，在开发家电产品时就必须加以考虑。如电加热淋浴器的缺水保护、断电保护、漏电保护；电冰箱突然停电对压缩机的保护等。

（2）办公设备。办公设备的工作环境相对较好，办公室内一般不会有大功率的设备，各种干扰相对较小，一般不需要对控制系统提出特殊的要求。在选择控制系统时主要考虑使其体积小、移动方便、操作简便、功耗小、噪声低、通用性好等问题。

（3）生产设备。数控机床、工业机器人、自动包装机、自动生产线等用于工业生产的机电一体化设备，长期在工厂、车间内工作，环境的电磁干扰，电网干扰都很大，车间的温差也很大。因此，对这类机电一体化产品必须进行抗干扰设计，常见的抗干扰设计方法有以下几种：

①选择抗干扰能力强的控制计算机。

②采用抗干扰电源。

③屏蔽、接地保护。

④系统防尘，防潮设计。

⑤抗震设计。

⑥抗干扰软件。

⑦抗干扰硬件。

⑧冗余设计。

⑨恒温控制。

（三）工作环境与驱动方式

工作环境与驱动系统也有着密切的关系，在选择动力源和驱动元件时也应考虑工作环境的情况。

（1）家用电器、医疗器械。应满足无污染、低噪声、体积小、质量轻的要求。显然不宜使用液压或气压驱动，应尽量选用电子能源，且尽量使用二相 220V 市用电，避免使用三相动力电。在选择传动方式时应尽量选择噪声低的传动方法，如同步齿形带传动。对于便携式家电或医疗仪器则应考虑用电池供电。

（2）食品、医药生产机电产品。应避免污染，可采用气动或电动驱动方式，不宜采用液压驱动。

（3）水下设备。这类设备包括石油钻井平台、水下机器人、水下电缆铺设设备、水下维修、水下施工设备等，应充分考虑高压下的密封问题。比如，采用液压驱动比电驱动易实现密封，使用复合材料轴承代替普通滚动轴承可以延长寿命，改善关节性能等。

（4）一般工业设备。电、气、液三种驱动方法都可以用于一般工业设备的驱动，在选择驱动方法时可以根据工厂、车间的具体情况进行具体分析。如果对噪声的要求比较高，则不宜采用气动驱动，若对防污染要求比较高，宜采用气动或电动。对气源方便的场合可以尽量采用气动。

（四）绿色设计

所谓绿色设计，就是在新产品（系统）的开发阶段，就考虑其整个生命周期内对环境的影响，从而减少对环境的污染、资源的浪费、使用安全和人类健康等所产生的副作用。

绿色产品设计将系统（产品）生命周期内各个阶段（设计、制造、使用、回收处理等）看成一个有机整体，在保证产品良好性能、质量及成本等要求的情况下，还要充分考虑到系统（产品）的维护资源及能源的回收利用，以及对环境的影响等问题。这与传统产品设计主要考虑前者要求而对产品维护及产品废弃对环境的影响考虑很少，甚至根本就不予考虑有着很大的区别。绿色产品设计含有一系列的具体技术，如全生命周期评估技术、面向环境的设计技术、面向回收的设计技术、面向维修的设计技术和面向拆卸处理的设计技术等。

第五节　机电一体化系统的评价与决策

机电一体化设计系统的评价指标，按使用要求划分为功能性指标、技术经济性指标和安全性指标三类。

一、系统功能性指标

（1）工效实用性。一般用系统总体的技术指标的形式提出，如产量、容量、质量、功率、精度、效率等。

（2）系统可靠性。系统可靠性指系统在预定时间内，在给定工作条件下，能够满意工作的概率。对机械系统来说，目前缺乏可靠性数据时，仍沿用以强度为基础的安全系数来指明无限寿命或有限寿命下的安全程度。

（3）运行稳定性。当系统的输入量变化或受干扰作用时，输出量被迫离开原先的稳定值，过渡到另一个新的稳定状态的时间过程中，输出量是否发生超过规定限度的现象，或发生非收敛性的状态，是系统稳定或不稳定的标志。系统稳定性的设计指标有过渡过程时间、超调量及振荡次数、上升时间、滞后时间及静态误差等。

（4）操作宜人化。

二、技术经济性指标

（1）设计方案的经济性。评价比较一次投资变为系统或设备时不同设计方案的经济性。

（2）系统运行的经济性。评价比较保持系统或设备正常运行时资源利用的合理性和运行费用的经济性。

（3）结构工艺性。系统的结构设计应当满足便于制造、施工、加工、装配、安装、运输、维修等工艺要求。

（4）可维护性。

三、安全性指标

（1）人机安全性。

（2）环境安全性。

从设计和评价的角度，系统指标可以分为特征指标、优化指标和寻常指标三类。特征指标是决定产品功能和基本性能的指标，是设计中必须设法达到的指标。特征指标可以是工作范围、运动参数、动力参数、精度等指标，也可以是整机的可靠性指标等。特征指标在优化设计中起约束条件的作用。

优化指标是在产品优化设计中用来进行方案对比的评价指标。优化指标一般不像特征指标那样要求必须严格达到，而是有一定范围和可以优化选择的余地。在设计中，优化指标往往不是直接通过设计保证的，而是间接得到的。常被选做优化指标的有生产成本、可靠度等。

寻常指标是产品设计中作为常规要求的一类指标，一般不定量描述。例如，工艺性指标、人机接口指标（如宜人化操作等方面的要求）、美学指标、安全性指标、标准化指标等，通常都作为寻常指标。寻常指标一般不参与优化设计，只需采用常规设计方法来保证。

一般来讲，寻常指标有较为固定的范畴，而特征指标和优化指标的选定则应根据具体产品的设计要求来进行。一种产品设计中的特征指标，可能是另一种产品设计中的优化指标。某些指标在要求较为严格，必须要经过周密设计才能达到时，应选为特征指标，而在要求较为宽松的情况下，则可选为优化指标。例如，在产品可靠性要求很高的情况下（如航空航天设备等），必须来用可靠性设计方法，把产品的可靠度作为特征指标进行设计，严格地限定所有零部件的失效率，才能保证产品的可靠性要求。但是，当可靠性要求较低，通常设计可以满足的情况下，可将可靠性作为优化指标，在达到各特征指标要求的前提下，优化选择可靠度高的方案。又如在对旧机床进行数控改造时，由于旧机床精度因长期磨损已经很低，改造的目的是用它完成一些品种少、形状复杂但精度要求较低的零件的加工，因此可将成本选为特征指标，即要求改造费用不能超过某一数额，而将精度作为优化指标，即在费用不超的条件下，尽量提高精度。

第六节　机电一体化系统的试制与调试

系统的试制与调试是以对象的目的功能为目标，通过对模块上做参数及其接口参数的测量，调整模块细部或接口元件，使其有效地实现系统的主功能。一项设计经过总体设计、细部设计和制作装配等各阶段，不可避免地存在着漏误，有些参数因系统建模时的简化而被忽略，构成系统后它又对系统的性能产生作用，这些都需要经过试制与调试来发现并调整修改。

一、调试的一般原则

基于系统设计过程中主功能实现的因果关系，在调试过程中，应遵循以下规律：先调试模块，后调试系统；先调试子功能，再调试总功能；先模拟调试，后在线调试；先静态调试，后动态调试。

模块是组成系统的基本功能单元，模块调试越周密，系统整体调试就越容易实现。若模块中存在较大的故障隐患，待系统整体调试出现故障时，因模块间的相互影响，就难以找出故障的症结，增大了系统调试的难度。因此，在调试工作中，应紧扣每个模块，从严要求。

系统主功能的实现是依靠各子功能去完成的，为了使系统调试时容易找出症结，一般先进行子功能调试，再调试各子功能相互间的工作配合，最后进行整机运转。

模拟调试主要用于模块的调试，即用理想信号作为输入信号，调整模块的输出，使其满足设计要求。在计算机系统的软件调试中也常采用这种方法。模拟调试完成后，对于硬件模块，可将与其直接相关联的模块连接起来进行调试；对于软件模块则可以与硬件模块联合起来调试，这就是所谓的在线调试。

静态调试是将系统设置在某一稳定状态，然后测量各功能模块的接口参数和工作件的工作参数，通过调整，使其满足系统的设计要求。动态调试一般是由微机发出连续控制信号，通过调整各模块间接口参数的波形和数据，达到设计目标。静态调试一般用来调整系统的静态工作点参数，而动态调试则用于调整系统的动态响应，若静态工作点跑偏，或根本不能建立，即使系统的动态工作性能再好，系统也不能有效地工作。

二、系统调试过程

在线调试的过程是从发现问题、分析问题到解决问题的过程，需要有明确的操作思路，即概括为“明确要求，拟定方法，分析数据，提出措施，对症下药、解决问题，总结经验”。

明确要求：在线调试一般是按照各子功能的要求进行的，在调试前首先应明确各子功能的要求，确定各子功能调试的先后顺序。

拟定方法：制定检验各子功能的方法，确定被测点的位置（一般为各模块间的接口点），选择合适的测量工具和设备。

分析数据：检验系统的功能是否能满足设计要求，并通过对测量得到的数据进行分析后确定。对于数字系统，数据分析实际上是逻辑分析。在模拟系统中，测得的信号是连续变化的，根据这些数据的幅值、相位，可以分析各模块的工作状态，判断故障原因。

提出措施：经过测量和分析找到症结以后，需要进一步提出改进或修复的措施，或是调整模块的细部，或是调整接口参数，对于干扰引起的故障还要提出消除干扰的措施。

对症下药，解决问题：通过测量、分析、调整、再测量、再分析等，最后得出正确的结论，合理、科学地解决问题。

总结经验：上述过程虽然解决了问题，但对于设计而言，还需要有一个总结经验的过程，需把碰到的故障、测量的数据、分析的结果、解决的方法和最后结果等整理成技术文档，建立调试的记录档案，这样既能积累经验，把实践的体会上升到理论，同时反过来又能指导系统的修改设计，使设计趋于完善。

三、调试过程中的故障诊断

机电一体化系统因其机电综合的复杂性及使用环境的多样性，使调试和使用过程中出现的故障点及故障原因变得错综复杂。要从各种故障现象中快速、准确地找出故障点和故障原因，除必须掌握系统的结构组成，熟悉系统软、硬件工作原理和工作过程外，还要正确地掌握故障诊断的方法。故障诊断过程一般可分为以下几个步骤：

（1）观察和记录故障发生时系统的异常状态。

（2）直接观察外观异常特性。

（3）根据系统工作原理，综合软、硬件工作流程，分析导致故障的原因。

（4）缩小产生故障的区域。

（5）重复上述过程，找到故障的模块、元器件、零部件或故障点。

在寻找故障点之前应分清故障的类型，一般硬件故障具有重复性和持续性的特点，软件故障在不同的输入参数与工作状况下具有非再现性和偶发性的特点。因此，对计算机系统可采用更换模块或芯片，替换设备、电压拉偏、程序校验、重复执行等方法，区分出是硬件故障还是软件故障。对于软件故障还应区分是软件本身故障，还是软件存储介质有问题；是人为因素还是外界干扰使系统软件受到影响；是应用程序有错误还是监控程序有错等。

四、常用的故障诊断方法

对于有些范围有不明、难以诊断的故障现象应尽量缩小故障区域。常用的有以下几种方法：

（1）同类比较法。在多重系统中，有些是相同逻辑和结构的模块或芯片，当这些模块或芯片功能出错时，可将两个相同的模块或芯片互换后，再测量故障是否跟踪转移，从而确定故障区域。

（2）分段查找法。对于故障现象比较复杂，涉及的技术面较广时，用分割故障范围的方法比较方便。这种方法以信息通道为对象，通过功能模块的输入和输出口设置观察测量点，判断故障的范围。

（3）故障跟踪法。从出错节点向信号方向相反的方向检测，直到出现正常状态的点，即所谓的反向跟踪。按照信息传输方向，从信息源一步一步往后查，直到检测到出现错误状态的位置，这就是所谓的正向跟踪法。这两种故障跟踪的方法在计算机系统的软、硬件诊断中经常使用。

（4）隔离压缩法。根据故障现象及与其相关的硬件，采用暂时切断与其相关的其他硬件，封锁有关信息来压缩故障范围。

（5）振动加固法。在系统微电子模块中出现的工作不稳定现象，除了外界干扰外、相当多的是由于接触不良引起的暂态故障。对此可以轻轻敲击插件或设备的有关部位，使插件、芯片、电缆接头等受到轻微振动，就可以把接触不良的故障定位在某一模块，甚至某一元器件上。

（6）拉偏检查法。系统的一些不稳定现象，往往是由于电气模块中的元器件性能不好、平时工作处于特性指标的边缘状态。一旦环境条件变化或受到强电磁场的干扰，就会出现功能故障。这种原因引起的故障现象时隐时现，难以诊断。对付这种暂态故障，宜采用条件拉偏的方法促使故障再现，使其成为固定的故障，然后再进行故障定位。

第七节　机电一体化系统的现代设计方法

机电一体化系统（产品）的种类不同，其设计方法也不同。现代设计方法与用经验公式、图表和手册为设计依据的传统设计方法不同，它是以计算机为辅助手段进行机电一体化系统（产品）设计的有效方法。其设计步骤通常如下：技术预测→市场需求→信息分析→科学类比→系统设计→创新性设计→因时制宜地选择各种具体的现代设计方法（相似设计法、模拟设计法、有限元设计法、可靠性设计法、动态分析设计法、优化设计法等）→机电一体化设计质量的综合评价等。

上述步骤的顺序并不是绝对的，只是一个大致的设计路线。但现代设计方法对传统设计中的某些精华必须予以承认，在各个设计步骤中应考虑传统设计的一般原则，如技术经济分析及价值分析、造型设计、市场需求、类比原则、冗余原则、自动原则（能自动完成目的功能并具有自诊断、自动补偿、自动保护功能等）、经验原则（考虑以往经验）及模块原则（积木式、标准化设计）等。

科学技术日新月异，技术创新发展迅猛。现代设计方法的内涵在不断扩展，新概念层出不穷，如计算机辅助设计与并行工程、虚拟设计、快速响应设计、绿色设计、反求设计等。

一、计算机辅助设计与并行工程

计算机辅助设计（CAD）是设计机电一体化系统（产品）的有力工具。用来设计一般机械产品的 CAD 的研究成果，包括计算机硬件和软件，以及图像仪和绘图仪等外围设备，都可以用于机电一体化系统（产品）的设计，需要补充的不过是有关机电一体化系统（产品）设计和制造的数据、计算方法和特殊表达的形式而已。应用 CAD 进行一般机电一体化系统（产品）设计时，都要涉及机械技术、微电子技术和信息技术的有机结合问题，从此种意义上来说，CAD 本身也是机电一体化技术的基本内容之一。

并行工程（Concurrent Engineering，CE）是把系统（产品）的设计、制造及其相关过程作为一个有机整体进行综合（并行）协调的一种工作模式。这种工作模式力图使开发者从一开始就考虑到产品全生命周期，即从概念形成到系统（产品）报废内的所有因素。

并行工程的目标是提高系统（产品）的生命全过程（包括设计、工艺、制造、服务）中的全面质量，降低系统（产品）全生命周期内（包括产品设计、制造、销售、客户应用、售后服务直至产品报废处理等）的成本，缩短系统（产品）研制开发的周期（包括减少设计反复，缩短设计、生产准备、制造及发送等的时间）。并行工程与串行工程的差异就在于在产品的设计阶段就要按并行、交互、协调的工作模式进行系统（产品）设计，即在设计过程中对系统（产品）生命周期内的各个阶段的要求要尽可能地同时进行交互式的协调。

二、虚拟产品设计

虚拟产品是虚拟环境中的产品模型，是现实世界中的产品在虚拟环境中的映像。虚拟产品设计是基于虚拟现实技术的新一代计算机辅助设计，是在基于多媒体的、交互的渗入式或侵入式的三维计算机辅助设计环境中，设计者不仅能够直接在三维空间中通过三维操作、语言指令、手势等高度交互的方式进行三维实体建模和装配建模，最终生成精确的系统（产品）模型，以支持详细设计与变形设计，同时也能在同一环境中进行一些相关分析，同时满足工程设计和应用的需要。

三、快速响应设计

快速响应设计是实现快速响应工程的重要一环。快速响应工程是企业面对瞬息万变的市场环境，不断迅速开发适应市场需求的新系统（产品），以保证企业在激烈竞争环境中立于不败之地的重要工程。实现快速响应设计的关键是有效开发和利用各种系统（产品）信息资源。人们利用迅猛发展的计算机技术、信息技术和通信技术所提供的对信息资源的高度存储、传播及加工的能力，主要采取以下三项基本策略，以达到对系统（产品）设计需求的快速响应。①利用产品信息资源进行创新设计或变异性设计；②虚拟设计——利用数字化技术加快设计过程；③远程协同、分布设计。概括来讲，这些策略就是信息的资源化、产品（系统）的数字化、设计的网络化。

机电一体化系统（产品）的设计，通常可分为新颖性 / 创新设计和适应性 / 变异性设计两大类。创新设计也属于前面所讲的开发性设计。无论是创新设计还是变异性设计，均体现了设计人员的创造性思维。快速响应设计就是充分利用已有的信息资源和最新的数字化、网络化工具，用最快的速度进行创新性和变异性的机电一体化系统（产品）的设计方法。

四、反求设计

反求设计思想属于反向推理、逆向思维体系。反求设计是以现代设计理论、方法和技术为基础，运用各种专业人员的工程设计经验、知识和创新思维，对已有的系统（产品）进行剖析、重构、再创造的设计。如某种系统（产品），仅知其外在的功能特性而没有其设计图纸及相关详细设计资料，即其内部构成为一“暗箱”，在某种情况下需要进行具体的反向推理来设计具有同等外在功能特性的系统（产品）时，运用反求设计方法进行设计极为合适。从某种意义上来说，反求设计就是设计者根据现有机电一体化系统（产品）的外在功能特性，利用现代设计理论和方法，设计能实现该外在功能特性要求的内部子系统并构成整个机电一体化系统（产品）的设计。

五、网络上的合作设计

网络上的合作设计是现代设计方法中最前沿的一种方法。其核心是利用网络工具来汇集设计知识与资源及知识获取的方法进行设计。通过网络，它包含了设计所需要提供的知识及获取这些知识的过程与所需的各种资源。在技术进步日新月异的今天，系统（产品）的设计更加依赖于新知识的汇集与获取。应该看到，国内外有着丰富的设计知识和潜在的设计资源，称为“知识获取资源”，而拥有这些资源的单位往往在某些技术领域雄踞一方，利用现代化的网络技术将这些知识、资源有效地集中，实现资源的共享，将是实现网络上合作设计的必由之路，也将是实现技术创新和跨越式发展的重要途径之一。

第三章　机电设备一体化技术

第一节　机电一体化与电子技术的发展

我国科技的飞速发展，也促进了机械电子技术的不断进步。现在，电子信息已经成了目前机械领域中最为重要的部分。经过不断的努力，机电人员已经把电子信息技术与机械电子技术有效结合，使机电技术得到了根本性的创新，使我国的机电一体化技术得到了实现。而本节就研究了机电一体化技术目前的发展情况，希望能够对相关从业人员有一定的帮助。

随着社会经济的快速发展，不同领域之间的科技联系也越发的紧密，呈现出统一化的趋势。这使不同行业的技术更加有效地融合在一起，在很大程度上推动了我国的工业技术发展速度，使机电一体化技术更快的发展。大力发展机电一体化技术，对我国的产业改革来说具有重大的意义及价值。

机电一体化主要包含了以下几方面的内容：机械技术、电子技术、微电子技术、信息技术以及传感器技术等多种技术的融合。机电一体化的设备几乎在不同的现代化生产领域中都有应用。按照相关的理论研究就能够发现，这属于是系统功能特性，研究不同的组成部分要素，把这些要素有效地结合起来，使工作更加顺利地开展。系统当中的信息流动能够有效控制微电子系统程序，从而形成更加合理科学的运动形式。

一、机电一体化发展历程

（一）第一阶段

最早的机电一体化源于数控机床，对我国的工业化发展有极大的推动作用。

（二）第二阶段

机电一体化发展到第二阶段为微电子技术，这一阶段的机电一体化已经应用到了生产环节中，有效促进了工业化生产的升级变革。比如在汽车领域，微电子在总产品中占据的比例达到了 70%。集成电路的应用，使汽车制造业的精确度得到了极大的提升，进而使信息化技术得到了大范围的应用。微电子技术的不断进步，在很大程度上提高了设备的运行期限。

（三）第三阶段

第三阶段就是 PLC 控制。PLC 也被称为可编程逻辑控制器，可显示的机电一体化已经进入可编程控制的发展时期。第三阶段的发展历程相对较长，主要是单机转变为多 CPU 控制的过程。基于 PLC 的机电一体化的常用控制系统主要包含的种类有 SCADA 系统、DCS 系统以及 ESD 系统。在第三阶段发展到后期的时候，PLC 控制系统当中已经可以进行现场总线的布设，而且可以为系统提供通信接口，基本上已经实现了网络技术在机电一体化中的广泛应用。

（四）第四阶段

第四阶段属于很多新型技术喷发的阶段。从整个 PLC 阶段发展历程来说，在机电一体化中应用 PLC 有效促进了机电一体化的发展，应用了很多新的技术。第四阶段的新技术主要有以下几种类型：第一种，信息技术。也就是对信息进行高效处理的方法，从而得到相应的机电加工信息，从而大大提高了信息技术在机电一体化当中的经济收益。第二种，模糊技术。该技术通常情况下是用在对机电一体化中的模糊信息处理上，使传统的熟悉逻辑限制不复存在。第三种，激光技术。该技术在很大程度上提升了机电一体化中的集中控制，已经基本拥有普通光源没有集中以及定位功能。在材料中经常用于穿孔或者是打孔。

二、后期发展方向

（一）智能化

电子技术主要的优势是：能耗低、污染小、信息含量大，等等；主要的特点是：多功能、高精度以及智能化。将电子技术与计算机操作系统有效结合起来，在很大程度上提高了机械设备的精密度。详细内容有以下几方面：在制造微电子的过程中，一定要对车间的尘埃颗粒数量、直径还有芯片材料的杂质严格进行检测，必须要达到超净、超精的相关规定要求；在设计电子电路的过程中，利用计算机智能技术，就可以使仿真能力得到充分发挥，进而就可以设计电路版图、印刷电路板，等等。为了使电子产品功能更加全面，把自控技术、精密机械将计算机技术进行有效结合，使电子设备的自动化水平得到提升。

（二）微型化

随着近几年电子技术的飞速发展，相应的电子产品也慢慢向着精良化、功能齐全化的方向迈进，并且产品的外观也越来越小巧。随着我国大规模集成电路以及集成件飞速的发展，为电子产品的微型化提供了重要保障。现阶段，在电子产品结构中使用的大部分是铝合金以及塑料合金等，使产品的外观有了非常大的改变，变得更加小巧、轻盈。在连接设计电子元件的过程中，为了使元件更加精小，就应用了片式元件和片状器件。相比传统的插装元件来说，贴片元件的体积以及重量都减少了很多。通过表面组装的技术，可以使电子产品缩小一半的体积，降低70%多的重量。

（三）绿色化

电子技术转变为绿色化是未来必然的一种发展方向。欧盟在10年前就已经就明确规定了电器设备中的有害物质，明确规定电子电器产品当中的铅、多嗅联苯等有害物质的含量制定的标准。我国也在2006年实施了电子产品的污染控制管理办法，明确规定了报废的电子电气设备回收以及环境要求。另外，实施这一管理办法，也在很大程度上提高了电子产品的入门标准。

（四）集成化

电子技术未来的主要发展趋势之一就是集成化，主要就是使企业管理形成集成化、现代技术的集成化以及技术的集成化。微组装技术以及表面组装技术的不断进步，为电子系统集成化的实现奠定了坚实的基础。而微组装技术就是通过三维微型组件、超大规模的集成电路等元器件，利用多层混合组装以及裸芯片组装的方式使电子系统集成。其中的表面组装技术，就是通过自动组装设备把无引线的表面组装元器件安装到线路板中，从而实现集成电子系统。

（五）微机电

电子产品非常容易受到周边环境以及自身结构的影响，在进行生产、运输以及使用的过程当中有非常多的安全隐患。

总而言之，想要实现机电设备的性能提升，就必须要加强重视机电一体化与电子技术的结合，两者的快速发展能够有效提升机电产品的综合能力。所以，本节就对机电一体化的发展方向进行了阐述，并且提出了相应的建议，希望可以为电子技术的发展做出一定的贡献。

第二节　机电一体化中的电机控制与保护

机电一体化对机械装置技术和电子技术进行了有机结合，在工业企业生产中得到广泛应用，对生产效率和效果的提升提供了强有力的支持。电机是机电一体化中的重要设备，其运行情况对实际应用效果会产生较大的影响，各企业需要对其控制及保护工作产生足够的重视，本节对机电一体化电机构成及工作机理进行说明，之后对其控制和保护进行分析。

机电一体化具有动力功能、控制功能以及信息处理功能，可为相关工作提供更多的依据和技术支持，为此其被广泛应用至各行业中，随着时代的不断发展，对其机电一体化提出了更多更高的要求，为了使其更好地适应时代发展要求，相关人员需要做好各方面研究及管控工作。下面笔者总结自身经验对机电一体化中电机的控制与保护进行分析，以期为实际工作的展开提供可供参考的建议。

一、机电一体化中电机的构成及工作机理分析

第一，对电机构成进行分析。现阶段，交流电动机在机电一体化中比较常用，包括单相交流电动机和三相异步电动机，前者在民用电器上的应用次数较多，后者在工业上的应用频率较高；电机结构包括执行驱动和控制，其中执行驱动由位置传感器及三相伺报电机组成，控制部分包括单片机、整流模块、故障检测、PWM 波发生器以及输入、出通道，等等。

第二，对电机工作机理进行分析。电机执行系统使用电流传感器、电压传感器及位置传感器进行相关检测，在检测完成后会成功获取逆变模块的三相输出电流以及电压、阀门的位置信号，使用 A/D 转换后进入单片机，单片机依靠 PWM 波发生器实现控制电机运行的目标。380 伏电源全桥整流为逆变模块提供直流电压信号。下面对三相异步电动机的工作机理进行说明：在三相对称电流进入三相对称绕组中会形成圆形旋转磁场，之后转子导体会对旋转磁场的感应电动势及电流进行切割处理，电磁力会对转子载流导体产生一定的作用，在一定时间后会形成电磁转矩，进而使电机中的转子进入转动状态。

二、机电一体化中电机的控制与保护分析

（一）机电一体化中电机控制分析

第一，对电机阀位和速度的控制进行分析。阀位和速度是电机控制中的重要内容，各企业需要充分重视两者的控制工作，当前多使用双环控制方法实现控制两者的目标，双环包括速度环和位置环，速度环可对电机设备的运行速度和指定发生器事先设置的速度展开横向对比，在对比及分析后会使用速度调节器对 PWM 波发生器的载波频率进行相应的调整，从而对电机转速进行有效控制；位置环将电机位置速度的设定值和 PWM 波发生器给出需要的速度值作为依据实现控制电机转速的目标。电机大流量阀执行结构在实际运行过程中会出现匀速、加速和减速三个时期，以上各时期在加速度和速度调节时间均不固定，会出现不同程度的变化，基于此，为了更好地控制电机阀位和速度，工作人员需要做好实际阀位和指定阀位横向比较的工作，当情况比较特殊

时还需要对实际阀位、指定阀位以及其速度进行准确计算，进而为机电一体化应用效果的提升提供更多的保障。

第二，对电机保护装置的控制进行分析。电机设备运行过程中在种种因素影响下可能会发生逆变模块类的故障问题，此种情况会使变频器输出电压和电流频率的稳定性有所降低，并且会对电机运行效果产生一定的负面影响。使用常规电压互感器和电流互感器不能更好地对电机进行控制，工作人员需要根据实际情况开启电机控制保护的功能，使用此功能及时获取电机运行过程中的电流，比如，使用霍尔型电流互感器可对 IPM 输出的三相电流进行准确测量，IPM 输出的电压会依靠分压电路检测电机保护装置，进而对电机电流的频率和电压的频率进行有效控制。

（二）机电一体化中电机保护分析

随着电机使用时间的延长，其可能会出现不同程度的故障问题，如果未及时发现和解决故障问题，其运行效果将会大打折扣，为了规避以上情况，各企业需要不断提升电机保护工作的重视程度。在实际保护过程中工作人员需要做好以下几个方面的工作。

第一，对电机运行前的准备工作更加重视。前期准备工作是否到位对电机运行情况会产生较大的影响，工作人员需要按照规定要求对以下工作进行落实：其一，在正式启动前对电源是否通电进行检查，对启动器的情况和熔丝大小与规定要求是否一致进行判断；其二，对转子、负载转轴、电机外壳以及电动机是否准确接地进行仔细检查，观察负载设备启动准备工作是否充分；其三，在电源接通后工作人员需要对电动机、负载设备以及传动装置的实际运行情况进行密切观察，如果存在异常情况需要立刻断开电源进行排查，在上述工作检查通过后电机才能正式投入使用，从而保证电机安全、高效的运行。

第二，做好运行中的监测工作。电机运行阶段比较容易出现故障问题，各企业需要派专业人员使用先进的技术和设备对其运行状态进行 24 小时监测，监测内容包括电压、电流、振动频率、气味以及响声等等，通过监测工作对其运行过程中存在的故障或者隐患等及时察觉，之后到现场进行实际调查，在掌握原因后制订行之有效的方案尽快进行处理，避免产生过多的负面影响，确保电机正常运行，为企业生产工作顺利进行奠定坚实的基础。

第三，定期对电机进行检修和维护。定期检修和维护是减少电机出现故障问题的重要方法，企业需要招聘技术水平及综合素质较高的人员组成一支高水平的检修队伍，其工作任务是按照事前制订的计划完成电机检修及维护工作。在实际工作过程中维修人员需要亲自到现场对电机传导轴承，制动部件以及其他构件等进行详细检查，对其运转情况和有无故障问题进行判断，如果发现异常情况需要马上在现场展开排查，对故障范围及其会产生何种影响进行确定，当故障不严重时可立即采取措施进行处理，当故障比较严重时需要及时报告上级部门，在获得允许后及专家分析后制定针对性对策进行处理，保证在短时间内解决故障问题，将其产生的影响降至最低。与此同时电机长时间使用后其中的一些零部件会出现老化的情况，在发现老化部件后维修人员需要及时上报，让采购部门购进同种类和同规格的部件，使用全新的部件替换已经老化的部件，保证电机正常运转。除此之外，相关资料明确表示每台电机的使用时间在十万小时左右，如果超过此时间电机的运行效果和安全性将会明显降低，如未及时更换，出现安全意外的可能将会大大增加，基于此各企业需要做好电机工作时间的记录工作，在达到使用寿命时需要及时进行更换，在更换时并非必须购进与原来完全相同的电机。在技术不断发展下，电机种类及功能均向多样化的方向发展，企业可根据当前生产情况和要求合理引进一些新式的电机，简化原有工作流程，进而为机电一体化作用的发挥打下良好的基础。

电机在机电一体化中占据着重要的位置，做好其控制及保护工作对机电一体化作用的发挥有较大的积极影响，并且提升电机自身运行的安全性及稳定性。本节对电机阀位和速度的控制、电机保护装置的控制分别进行了说明，针对其保护提出重视运行前的准备工作、做好运行中的监测工作定期对电机进行检修和维护的措施，希望各企业能够充分意识到电机控制和保护工作的重要性，将各项工作落实到实处。

第三节 船舶机电一体化管理系统设计

船舶机电一体化进程是未来绿色船舶技术发展的必然方向，是船舶机械化、电气化和智能化的发展趋势。本节首先对船舶机电一体化的研究现状和具体应用进行了总结分析，随后基于现有的一体化设备，仿真设计一套完整的船舶机电一体化管理系统，可以方便地对一体化应用进行集成控制，相应的研究结论对船舶机电一体化未来进一步的发展提供了相应思路。

随着科学技术的不断发展，船舶应用技术水平也越来越高，更好的技术应用在船舶之上，可以支撑船舶数量发展、安全性进步以及航运利润的增强。所谓船舶机电一体化，指的是船舶上的机械部件、电子装置、计算机软件和计算机工程之间的协调性整合，同时加入了终端控制，独立设计的个体可以在船舶上形成一个整体。船舶技术的发展一直都伴随着一体化进程的推进，除了能够带来技术上的便捷，在成本上，一体化技术也更经济，桨轴一体的设计就比分别设计和装配要更有效率。

船舶机电一体化充分显示了船舶自动化设计的思维和技术发展方向，从整体方向上来说，目前一条整船的动力总成主要包括主机、辅机和各种电气设备，还包括控制单元。得益于计算机技术和通信技术的变革，船舶机电一体化成为可能，计算机技术为一体化提供了控制终端，通信技术的发展则使各种部件通过网络进行数据互通成为可能。机电一体化配合海事领域的高效率、低功耗以及环保性发展，在正确方向的指引下，可以将智能化的系统、机械控制、机械数据有机地结合起来，推进船舶系统的快速发展。

船舶机电一体化所涉及的动力装备众多，因此设计一套可以应用在船舶控制端的系统，对一体化整体进行状态监测、远程维修以及后台控制尤为重要。基于以上内容，结合船舶动力设备、机电设备，通过 matlab 软件进行船舶机电一体化管理系统设计。

一、机电一体化在船舶中的应用

船舶主机也就是船舶的动力装置，是为各类船舶提供动力的机械。根据燃料的不同性质、燃烧的场所、使用的工具及不同的方式可以分成蒸汽机、内燃机、电动机和核动力机。船舶辅机是在动力设备牵引下进行作业的各种机械设备的集合，包括船用泵体、船舶管路及附件、分油机、船舶造水装置、空气压缩机、船舶辅助锅炉、船舶制冷和空气调节、锚机、起货机、船舶舵机和各类轴系等。船舶电气装置则包括电源、配电合用电设备等，是船舶各种电气的总称。总体来说，船舶机电一体化由机械、硬件和软件三个大部分组成。

在船舶机械装备中，机电一体化技术体现在不同的设备上的应用，在旧式船舶当中，机械设备是单独工作的，传统的动力系统将力输出传递到轴系系统，轴系系统传递到螺旋桨从而输出动力，驾驶室控制船舶航行，在动力监控室，需要单独的轮机工作人员进行控制，不仅浪费人力，而且效率也非常低。引入机电一体化系统，可以对多种机械部件进行控制设置，主要包括燃油系统、机械控制装置、报警系统、消防系统、甲板机械、舱室机械、特种机械等。

二、机电一体化管理系统设计

船舶动力、辅机和电气设备非常复杂，因此在控制终端，用一个管理系统来进行统一的调配和监控，这样做有着重要的现实意义。PLC 控制单元可以集成到一个硬件电路中。船舶机械装备的运营状态可以通过 matlab 仿真进行设置，matlab 中的 GUI 编程技术可以对一体化机械的软件模块进行设计，管理系统的设计需要考虑的指标比较多，首先是功能的完整性，然后是机械部件的系统性，另外还有人机交互特性。界面设计主要分为五个大的组成方面，分别是主机控制面板、辅机控制面板、电力系统控制面板、电压时间监控模块和软件使用模块，主机、辅机和电力系统控制面板分别对船舶上和机械有关的电气设备进行启停和控制操作，主界面和三个分界面都有手动操作模式开关，可以断掉电力控制电源，保证手动模式的安全操作，分界面中间分别包括各种机械设备的监控曲线，可以随着船舶的各种动作来对各机械安全状态和工作状态进行监控，分控制面板均包含异常报警功能，如果发生任何过载、短路情况，异常报警响起，手动控制模式会被触发。另外，还包含整体电压监控模块，可以根据机械运转状态的区别来对电压进行设置，界面右部是主程序控制界面，包括每天的系统管理日志输出和平时的数据输出，另外包含软件的基本设置及整体管理功能。

系统内部通过传感器、控制器和端口进行硬件传输，传输的数据在后台计算显示到管理系统的交互界面之上，管理系统的设计和应用，为船舶机电一体化操作提供了便利，驾驶或者管理人员可以方便地机电结合和应用情况进行了解，极大地节省了人力和物力。

三、机电一体化在船舶行业的发展前景

船舶机电一体化从 20 世纪 60 年代开始就已经进入了船舶建造过程中，初级阶段的机电一体化技术主要还是基于电子技术，在小零部件中使用，随着计算机技术和通信技术的快速发展，未来的船舶机电一体化应用也将更加广泛，主要的发展方向将基于以下几个方面。

首先是智能化。随着计算机微处理器的提高、高性能的工作站逐渐应用到很多行业之中，传感器系统的稳定性和集成性，也给了数据获取和数据测试更好的硬件基础，智能的船舶机电一体化产品将可以模拟人工只能，具有一定的判断能力和危险处理认知，从而代替部分人工的流水线工作，甲板机械手的一体化是未来船舶机电一体化的设计目标。

其次是系统化。开放式和模块化的组成结构让机械部件成了一个有机的系统，系统可以灵活组态，某一个机械部件可以应用在多个船舶设备中，比如各种复杂的甲板机械，可以由一个控制件作为枢纽进行控制，再如故障诊断系统，通信互联网可以让任何微小的故障信息第一时间达到驾驶室或者船长处。微型化和模块化也是另一个机电一体化的发展趋势，体积小，并且灵活的器件可以进行精细操作，将小的部件集合成各种微小的控制模块，例如，用接口系统来代替现在的众多接口分散，同时，利用网络进行控制。

最后是绿色化，船舶是国之大器，同时也是能源消耗和产出大器，在航行的过程当中，减少燃油消耗，有效利用电能，是未来绿色船舶建设发展的大趋势，对传统的机械和作业方式进行改造，将电力驱动的控制、输出和监测系统对机械装备进行有效的结合，可以为船舶的发展建设提供崭新的变革和发展方向，在几个重要的技术端口突破之后，在船舶上应用工业机器人将成为机电一体化最终的发展目标。

船舶机电一体化是一项综合技术，和控制论、系统工程、电子信息技术、机械工程等都有着十分密切的联系，船舶工业技术伴随着机械应用水平的提高而发展，而随着智能化、网络化和自动化的进步，船舶工业也在另一个方面得到了质的提高。设计出的机电一体化管理系统，可以有效支撑相应的技术集成，研究思路和结论为下一步机电一体化在船舶中的应用提供了参考。

第四节　建筑机电一体化设备安装的管理

在建筑机电一体化设备安装过程中，只有针对性地做好各个环节的控制，才能保证在安装过程中没有问题发生，才能保证安装质量符合建设的要求。本节对建筑机电一体化设备安装的管理措施进行了分析探讨。

建筑机电一体化安装的过程中，需要做好各方面的管理工作，才能够保证安装效果符合设计要求，从而提升用户的使用环境。

一、机电一体化设备的安装特点

安装机电一体化设备，涵盖了安装消防、排水和电气的过程，在施工过程中需要用到比较复杂的施工工艺，并花费较长的工期。具体而言，机电一体化设备的安装具备如下特点：第一，涵盖多方面领域。在安装机电一体化设备时，施工人员不但要能对各种设备工程的安装技术和基础知识有全面了解和掌握，还应该兼顾建筑主体和每一建筑设备的关系。因此，机电一体化设备的安装过程涉及了非常广泛的范围。第二，施工过程比较复杂。在安装机电一体化设备时，需要不同专业领域和施工单位一起作业，这就意味着协调施工有很大的难度。除此之外，安装过程经常需要在较为复杂的施工环境中进行，必须要确保综合管线的布置质量，同时，安装施工人员应该具备过硬的专业技能。在建筑机电一体化设备的安装过程中，工程量非常大，经常需要进行交叉施工，这就要求相关单位要进行协调作业。第三，安装过程有着较长的时间跨度。不管是开始施工阶段，还是施工结束，机电一体化设备都发挥着非常重要的作用，并且多方应该进行协调配合，有效、合理地衔接起不同单位及不同程序的工作。第四，安装过程中会涉及很多新材料、新技术以及新设备的应用。近些年来，我国的科技水平已经得到了迅猛发展，现代化设备和以往设备比较起来，已经具备更好地使用质量和更长的使用年限。尤其是当各种新材料和新技术得到合理应用之后，系统运行的自动化程度得到了显著提高，不仅明显减少了各方面的费用开支，而且极大地拓宽了建筑机电技术的发展空间。

二、建筑机电一体化设备安装的管理措施

（一）图纸设计管理

图纸设计是建筑施工前期最主要的工作，也是整个建筑施工唯一的参考和指导。建筑工程图纸设计工作主要是由建筑投标和招标两方面达成一致的产物，建筑施工者只是在按图纸执行指令。对建筑安装工程施工管理来说，图纸设计管理主要是保证设计图纸的完整性，一方面要求设计图纸数量的完整性；另一方面要求设计图纸内容的完整性。建筑工程施工设计图纸，要充分体现施工设计图的系统性、协调性和有效性。设计图的系统性，要求图纸是系统的图纸，系统的图纸能概略表明各项工程施工的组成系统及联系关系。设计图的协调性，要求各项工程图纸之间能相互说明、互为解释。说明各种设备、设施的平面位置、说明各种设备的工作原理、说明各种原材料的特性、参数的设备材料表。各图纸的标注重复是允许的，但必须保证这些标注的协调一致，保证各图纸之间的协调一致是高层建筑工程施工设计的重要方面。高层建筑工程施工图纸的有效性，必须在设计单位的资格证书允许范围内的设计，这样才是有效合法的设计施工图纸，才可成为施工结算的有效依据。

（二）施工材料的管理

施工材料的问题对于机电安装工程来说是至关重要的一个环节，施工单位不仅要对材料进行必要的了解，对于材料和设备生产单位也要做好调查，在实行采购和使用材料设备之前，要确定其生产单位是否有生产该材料的能力和资质标准，只有这样才能确保在材料使用过程中发生因材料质量不过关而产生的纠纷以及生产单位供给能力不够等现象的发生。同时在材料和设备的运输过程中，尽量选择不复杂的运输路线，确保不会因道路问题导致工程延误。材料到达施工现场后，施工单位应组织相关技术人员对材料进行仔细的检查，保证其质量过关，并要求出示材料的相关文件和证书。如果材料出现严重的质量问题，应尽早进行退货处理。

（三）施工合同管理

施工单位在拿到相应文件后，应该结合自身的实际情况和客户需求来进行合同的内容审核，对合同内容在施工过程中可能发生的变更做出提前预测，对安装工程的实物量有一定掌握。根据客户需求，科学合理地进行劳动分配和组织、施工工期、设备机械和施工方法的评估，并在评估过程中仔细研究和分析招标文件和合同内容，对合同内所提到的各项费用和补贴做考虑周全。在合同签订之后，施工单位要和客户主动协商，签订安全和防火协议。

（四）质量管理

建筑机电一体化设备的安装质量与整体建筑工程的质量密切相关，不但影响工作人员与居民的生命安全，而且还与工程的社会效益与经济效益有着极大的关系。为此，必须要重视其质量管理工作，具体可从以下几方面着手进行：首先，应当严格把控安装前的设计图纸的质量，尤其要保证设计图纸的合理性与简洁性，能够让安装人员正确了解并掌握设计图纸的意图，并能够结合具体情况来对设计图纸进行补充与完善。其次，在安装过程中，质量管理发挥着极为重要的作用。这就需要安装人员在安装过程中严格依照设计图纸来作业，并确保安装操作与相关规范要求相符。严禁在安装过程中擅自更改安装方式与安装范围。不仅如此，还需全面、系统地登记安装工程，并保证相关安装考核制度与标准质量要求相符，如若安装工程中出现任一工序不达标的，则严禁开展下一道工序。再次，进一步提升安装质量。由于安装质量与整体工程质量息息相关，因此必须要严格把控施工材料与设备的质量，严禁质量不过关的材料与设备投入施工当中。与此同时，还需追溯质量不过关的原材料，避免同样情况再次出现。最后，做好安装调试工作。在安装后期，必须严格依照标准要求来调试设备与系统，切不可精简调试步骤或是进行跳跃式调试。此外，还需仔细做好调试记录，以确保调试工作的真实、全面与准确。如果出现不达标的设备，务必要进行更换。

三、技术要点分析

（一）母线的安装

技术人员在安装母线的过程中，要尽量避免母线受潮，应安装在室内通风干燥处，其他设备和母线进行连接时，避免有额外压力进入，并且应保证每个部件的连接处做好密封。

（二）机电设备安装的技术要点

一般在进行机电设备安装时的主要流程是：对设备进行放线定位；进行首次设备测试；机电设备定位；精度调整；完成安装。在机电设备安装伊始，应对机电设备进行严密的检查，确保其质量和安全性，同时要结合施工实际对机电设备的型号和数目进行核对，确保工程顺利完成。

（三）弱电系统的安装

弱电系统安装的特点是安装所用工期相对较短、安装设备昂贵，等等，主要包括的项目如下：监控闭路电视；防火系统；报警系统；内部人员通话系统；停车场管理系统等。弱电系统安装过程中，除了线路管槽需要与建筑工程同时进行，其余的末端设施和中央管理设备都可以在工程结束后在进行。在预留线路管槽和空洞的时候应提前做好准备，确保一次成型。根据材料和电缆之间的距离采用不同的施工方法。在完成敷设后，要对线缆进行相关标准的测试。

总的来说，建筑企业想要生存，其自身的竞争力是至关重要的因素，而且还要对机电设备安装管理相关工作负责，以此来保障安装管理工作品质，提升整个建筑项目工程的品质水平，如此一来，建筑企业才可以得到更好的发展，才可以在市场竞争中占有一席之地。

第五节　机电一体化专业的核心技能分析

在我国对“机电一体化”的定义为：它属于一种新型的复合技术，是将信息化的技术、微型电子元件技术、计算机的相关技术和机械本体自身的技术充分结合形成的产物，在“机电一体化”中最重要的内容就是其核心技术，其核心技术主要是传感技术、信息处理技术、智能化与机械的自身本体的技术。本节主要论述了机电一体化的内容、机电一体化的核心的技能和对机电一体化的发展前景展望，希望对同行们带来一定的借鉴和帮助，并促进我国机电一体化的发展。

我国科学技术的不断进步与创新，大大促进了计算机的相关技术、信息化技术与机械本身的技术等多个学科的相互交叉和渗透，最终产生了机电一体化。机电一体化技术的发展又极大地促进了机械工业的发展进程，使国家工业的生产由开始早期的机械电气时代转入机电一体化的新时代。采用机电一体化技术，可以极大地提高机械行业的经济发展，因为这种技术的使用不只可以使企业的生产力得到充分的释放，同时也可以提高所制作产品的性能与质量，使产品变得更加标准化，能合理地利用既有资源，降低企业能耗。最终降低产品的生产成本，使企业在激烈的市场竞争中处于优势地位。目前，机电一体化已经成了国家工业发展的必由之路。

一、机电一体化的内容

（1）狭义的机电一体化的定义主要是在电子化设计与机械装置结合一起的一体化，这种一体化主要指的是机械方面。随着科技的不断发展，信息技术、微电子技术和传感技术等也被融入机械控制中。此时机电一体化就有了新的内涵定义，那就是新的机电一体化是指在信息处理功能、机械自身的功能和控制功能上引入电子信息技术，将机械与电子化设计组合一起所组成的系统的总称。

（2）所谓的机电一体化技术并不是一定单一的技术名字，而是对一类相关技术的总称。从系统工程理论的层面上来看，将微型电子元件技术、机械本身的技术与信息化的技术等技术综合应用，使整个系统实现有机的结合，并在系统中相关程序的组织下使系统达到最优化的一种新型的技术。

（3）机电一体化是由多个电子组成要素构成的一个统一结合体。

二、机电一体化的核心技能组成

（一）机械的本体技术

机械的本体技术是机电一体化技术的基础，怎样才能匹配机电一体化进程是机械的本体技术的重点。因此机械的本体技术应该着重考虑提高工作的精确度、减轻机械的自身重量和不断改进自身的工作性能等几个方面。目的是为了使其企业的工作效率提升和降低企业能耗。为了使机械系统实现正常的工作运行，机电一体化必须具备达到足够要求的精度。同时由于目前企业的产品大多都是钢材料制作而成的，可以通过选用轻质高强的新型材料或者直接改变产品的结构等方法来降低产品的重量。当产品的重量减小以后，采用可能实现系统运行的轻型化，最终实现提高企业工作效率和降低企业能耗的目标。

（二）信息处理技术

随着科学技术的不断发展，信息处理技术与微电子学领域也得到了相应的技术创新和进步，这对机电一体化进程的发展提供了巨大的动力。信息处理技术的内容主要为信息的收集存放、信息的交换和信息的计算等，通过目前在全国普及的电脑，使之与计算机紧密地结合在一起。为了能够更好更快地发展机电一体化，我们必须将信息处理设备运行的可靠度提高，来提高信息处理设备计算运行的速度，同时还要提高在信息处理过程中的抵抗其他外物干扰的能力。

（三）自动控制技术

自动控制技术指的是在不经相关人员进行操作的情况下，机械装置可以按照控制理论的知识自行进行工作，以完成人们预先确定的任务。其主要内容包括系统的初步设计、设计以后的系统仿真情况、在现场的不断调试与完善等。在当今的企业中，自动控制系统已经成为机电一体化重要的一分子。

（四）接口技术

为了能方便快捷地与计算机进行沟通，必须让数据传递的接口实现统一标准化。采用了统一规格的接口，不光有利于简化其设计内容，同时可以方便接口的更换和维修，防止出现因不同公司、不同接口导致不能有效地和计算机交流的问题的发生。

（五）传感技术与检测技术

在机电一体化中，传感技术的重点就是传感器的问题，而传感器出现的问题主要是如何提高其精准度、可靠度和灵敏性，毕竟其可靠度的提高可以直接影响传感器的抵抗干扰的能力，使之可以承受住各种严酷的环境考验。目前机电一体化技术在传感器的选择上，选用了光纤电缆传感器来防止电干扰。而对于外部信息的传感器，现在的任务是发展非直接接触型的检测技术。而检测技术主要指与传感器的信号的检测有关的相应技术。因此可以推断，在未来传感技术与检测技术将会成为必然。

（六）系统技术

系统技术指的从系统工程理论的层面上来看，将微电子技术、机械技术与信息技术等技术进行综合的应用，并将总体分成许多相互之间有联系的功能单元，最终由经过小功能单元的工作来完成整个系统的顺利运行。

（七）驱动技术

作为提供驱动力的电机，目前已经被广泛地应用到企业里的大型机械中。但是电机依然存在不能快速响应和效率低下的缺点。所以要求技术人员积极地去发展电机技术，不断地研究新型驱动设备。

（八）软件技术

计算机的软件和硬件必须做到在机电一体化的进程中实现协调发展，在发展硬件的同时必须同步更新软件。但是由于科技水平的提高，软件更新的速度太快，造成软件研发的成本大大加高。因此为了降低软件的研发投入，必须加快软件的标准化进程。

三、机电一体化技术的主要应用领域

（一）工业机器人

机器人作为一种新型的高科技产品，它最早来源于小说家在小说中的描述，可以无条件服从命令去处理人们所不能解决的问题。经过科学技术进步并利用几十年时间对其的不断改进，现在人们创造的机器人已经可以很轻松地帮助人们处理在焊接、水下作业、空中作业和娱乐等方面的问题。可以说，机器人经过多年发展已经变成了人类的不可或缺的朋友。

（二）计算机集成制造系统 (CIMS)

要实现计算机集成制造系统的应用，不能仅仅只去简单组合一下目前已经有的各个分散的系统，还要使全局的动态要达到最优化。计算机集成制造系统不光打破了目前企业内部各个部门之间的界限和限制，同时还可以利用制造来达到物流的控制。这样就使得企业完成了经营决策与生产经营之间的有机统一。在当今社会，提高自己的集成度已经变成了企业为优化自身的生产要素的一种主要的办法。

（三）当今社会的温室设施

当今社会中的温室设施可以实现农作物高产和优质，也比较密集地使用了机电一体化技术。温室设施的内容主要包括：整个温室的框架结构、框架结构上覆盖的各种材料、通风的系统、防虫系统、灌溉施肥的系统、计算机的控制系统、二氧化碳施肥的系统、遮阳/保温的系统、加热系统以及一些在生产中必须具备的生产工具等。通过以上多种设施与计算机的系统相结合，为农作物的生长发育创造了一个好的环境条件，为提高作物的品质和产量提供了可靠的保障。

（四）数控机床

数控机床的全名叫作数字控制机床，最早兴起于 20 世纪 70 年代，经过这么多年的进步与创新，在数控机床的功能结构与操作上都有了大大的改善，被广泛地应用到了机械行业中。数控机床的组成成分主要是电子控制单元、执行器、传感器和动力装置等，因此具有以下特点。

（1）实现了对机床的多通道和多过程的控制。

（2）采用了存储器容量较大的软件的模块化设计。

（3）其结构具有模块化和紧凑化与总线化，表现为采用多个 CpU 处理器、多个主总线组成的体系结构。

（4）具有开放性的设计特点，表现为其在整个体系的功能结构上具有兼容性和层次性的特点。比如采用统一标准的接口可以使企业或者个人的使用效益增大。

（五）对于机电一体化专业的相关人员的培养计划

对于机电一体化专业的相关人员的培养计划主要是针对那些具有优秀的专业知识与实际动手操作的高素质人才。

四、机电一体化专业的就业前景

第一，在关于模具 CAD/CAM 方向的发展。对于那些可以利用数控的加工技术与相关计算机的技术对模具进行创业设计和制作的高级人才，不仅可以在塑料、模具、家电、机械等生产公司做关于模具计算机的辅助设计和制作等方面工作，也可以从事与机电一体化相关的经营与管理工作。第二，对于那些从事商品包装的自动化的机械运行与管理等工作的机电一体化高级人才，不仅可以在一些大型饮料、食品与商品的包装生产的公司从事机电一体化的管理工作，也可在相关生产公司或者营销单位从事一些与机电一体化相关的技术工作。

通过前文对机电一体化的介绍和分析可以看出，机电一体化现在已经渗透了社会的各个领域，尤其是对机械行业的发展发挥了巨大的作用。因此，我国科学家应该继续对机电一体化进行研究和创新，使我国成为创新型的国家。

第六节　机电一体化专业实训室建设

随着素质教育的逐步深化，高校的教学从注重规模逐渐过渡到重视内涵的建设上来。各大高校都将提升教学质量作为发展的主要目标与动力，建设实训室将对提升机电一体化专业的教学质量起到非常大的促进作用。本节将从实训室建设的意义以及建设的具体过程等方面来进行论述。

机电一体化是一个较为复杂的专业，在整个工科专业系统中被公认为最难学的专业之一，由于其涉及了多个不同专业的知识，所以对于专业的度要求很高，知识也极为复杂。在传统的教学模式下，机电一体化专业没有得到一个理想的教学效果，因此转变教学模式成了当前机电一体化专业发展的首要任务。

一、建设机电一体化专业实训室的意义

实训室建设将实训作为建设的中心内容，通过任务驱动帮助学生提升自身的专业能力。建设实训室是机电一体化专业转变教学模式的重要一步，实训室的建设能够帮助机电一体化专业大幅度提升教学质量，达到良好的教学效果，是优秀的机电一体化人才培养的必要因素。在实训室中，学生可以充分地将理论知识应用于实际，既有利于培养学生的动手实践能力，也有利于巩固学生的专业理论知识，帮助学生培养扎实的基础技能，提升学生的综合素质水平。

二、机电一体化专业实训室的建设

实训室建立的主要目的是为了培养学生的动手实践能力，帮助学生将日常所学的理论知识与日后的工作实际相结合，以提高学生的综合素质。机电一体化专业实训室的建设是一个较为漫长的过程，期间需要来自社会、学校、教师等多方面的努力，在这些因素的共同作用下才能建设出真正值得利用的实训室。

（一）主要建设思路

机电一体化专业实训室的建设需要大量的资金投入，各高校可以以校企合作作为建设的主要指导思想来进行建设，结合企业对于人才的需求，将实训室的流程布局与企业的运营模式进行对应，改变传统的以教师为核心、以教材为依据的教学模式，将理论与实践进行融合，培养学生的动手操作能力，培养高素质的综合型人才。

（二）实训室实训环境的建设

各高校可以到成功建设机电一体化实训室的院校和相关合作企业进行调研和考察，不难发现，成功建设的院校大多会在机电一体化实训室的建设过程用应用企业的管理模式，将实训室的布局向企业靠拢，严格按照实际生产的标准对实训室进行建设，充分模拟企业的生产车间，让学生真正身临其境地感受在企业内部工作的情况。

通过这种校企合作的模式，建设具有高仿真性的机电一体化专业实训室，可以帮助学生在毕业后尽快地走入工作岗位，缩短学生的适应期与磨合期，让学生在在校期间就能充分的掌握职业的专业技能，达到提升学生综合素质、培养综合型人才的目的。除此之外，高校还可以通过建立一些奖励机制来对学生进行激励，提高学生参加实训的积极性。在实训期间，学生安全意识的培养也是教师和学校需要关注的一个重点，在实训室内一定要制定严格的操作规程，张贴安全提示标语，并且教师要在学生实训期间反复强调安全操作的重要性，以确保学生的安全。

（三）机电一体化专业学生实训内容的制定

当前社会对于人才的需求不仅仅局限于专业素质过硬的技术型人才，而是更偏爱于综合素质较高的综合型人才。因此学生在实训室进行实训时，除了要注重培养其必备的专业技能外，还需要培养其沟通能力、合作能力、奉献精神等多方面的综合能力。

因此，机电一体化专业学生实训内容的制定，就要根据学生的需求分成三个层次。首先，是传统的教师授课模式，在这一层次中，主要以教师讲授理论知识为主，对学生进行实训前的指导与提示，实训室的教师要根据学生将要进行的具体实训内容来讲授一些相关的专业知识，让学生把握知识的重点和操作中的注意事项；其次是让学生动手操作，教师在一旁作为指导，并对学生的操作做出建议和评价，并及时纠正学生在操作过程中出现的问题；最后是让学生进行完全独立的操作，在接受了教师的指导和纠正，确保操作无误，并且已熟练地掌握了技能后，就可以独立地进行实训操作了。在经历了这个过程后，学生的理论基础和动手能力都会得到很大的提升，而且这个过程突出了学生的主体地位，能够在学生进行学习和操作的过程中充分地发挥学生的主观能动性。

（四）机电一体化专业实训室的师资力量

除了需要为机电一体化专业实训室配备完善的硬件设施外，强大的师资队伍也是优秀实训室建设的必备条件。高校可以坚持校企合作的思想，通过引进和培养两种模式相结合的方式，来建设强大的师资队伍。一方面，从企业引进大量具有强大技术基础、经验丰富的一线技术人员来为学生进行技术指导，规范学生的操作；另一方面，可以外派校内教师到企业或其他院校进行进修、锻炼，提高本校教师的内务能力，培养出一批具有较强能力的优秀教师。通过这两方面的努力，来为机电一体化专业实训室培养一支强大的师资队伍，也能为学校的科研团队注入新鲜的血液。

综上所述，建设机电一体化专业实训室，旨在转变当前刻板的传统教学模式，强化各高校机电一体化专业的教学效果，帮助学生将理论与实践进行结合，培养学生专业技能，为日后走上工作岗位打下坚实的基础，让学生在实践中提升自身的综合素质，不断适应社会及企业对于人才的需求，在日后可以尽快适应工作岗位。

第七节　机电一体化系统的设计

随着科学技术的发展，机电一体化系统逐渐得到了改良和优化，这使机电一体化系统设计迎来了新的发展机遇，也面临着更加严峻的考验。机电一体化系统设计不可能一蹴而就，它需要经历一段时间的研究和实验。本节就对机电一体化系统设计进行深入的剖析，旨在为相关从业人员提供参考与帮助。

机电一体化系统主要是在机械原有功能的基础上，将微电子技术应用在其中，从而使机械与电子得到有机结合，使机械具备更强大的功能。机电一体化系统的应用使得机械的控制功能越来越复杂，使得机械的控制难度加大，对机械控制系统的要求也日益提高。将计算机技术应用在机电一体化系统中，可提高机械的控制力度，从而促进机械性能的提升，让机械的操作更便捷和灵活，提高机械操作的效率和质量。

一、机电一体化系统的设计策略

（一）纵向分层设计法

纵向分析设计法主要从机电一体化系统的整体来考虑，对机电一体化系统的纵向结构和功能进行系统化设计，从而使机电一体化系统的结构层次更加分明，并且提高结构层次与组织架构的对应性。当面对不同的操作任务时，可以实现不同任务由不同结构层次负责，使机电一体化系统的结构层次得到充分地利用，体现了机电一体化系统纵向设计的精细化和科学化，实现了机电一体化系统宏观设计和微观设计的有机结合。当然，宏观设计和微观设计隶属不同的机构层次。宏观设计具有一定的战略性，主要为了实现机电一体化系统的经济目标和技术目标，主要在结合企业的管理层意见的基础上，再考虑企业高级技术进行完成；微观设计也属于战略性设计，但是其战略性主要体现在具体的设计技术和方案等方面，因此微观设计一般由技术部门独立完成。

（二）横向分块设计法

在应用机电一体化系统横向分块设计法时，主要包括以下几种方式：①替代法。替代法主要是将机械中的复杂部件进行替换，将电子元件取代原有机械部件的位置，从而完善机械的功能，使机电一体化系统更加的优化。例如，在对齿轮调速系统进行调整时，可利用伺服机电来弥补齿轮调速系统的不足，扩大调速范围和调速精度，从而使扭矩发生转变，让机电一体化系统的机构更加简洁，使机电一体化系统制造的周期得到缩减。值得注意的是，在进行电子元件的替换时，必须严格遵守摩尔定律，从而在确保机电一体化系统性能的基础上，减低生产的投入。而且随着科学技术水平的提高，电子元件替代法也将成为机电一体化系统设计的趋势之一。②融合法。顾名思义，融合法主要是将各种元素进行统一和融合，从而形成独特的功能部件，确保要素之间的机电参数相互匹配。③组合法。组合法主要是在融合法的基础上，将融合法制造而成的部件、模块等进行相互组合，从而形成各种机电一体化系统。这个方法在我们的日常生活中也较为常见。例如，将收音机与录音机进行组合，就形成了收录机，将手机与摄像机进行组合，就形成了可以进行摄像的手机。但是，组合法的应用并不是简单的叠加，而是要充分考虑机电一体化系统的整体性，从而实现机电一体化系统设计的科学性和合理性。

二、影响机电一体化系统运行的因素

作为机电一体化系统中的重要组成部分，机器人可以代替人类完成一些工作，从而解放劳动力。但是，在应用机器人时往往缺少对机器人的重视程度，使得人机配合出现了偏差，具体主要体现在以下几点：①对机器人的安全性存在认识上的误差，缺少对机器人可靠性的正确认识。②忽视了机器人与人类的关系。虽然机器人属于机械的一种，但是其和人类有着直接的关联，可是很多人忽视了这一点，为机器人的安全使用埋下了隐患，而且在机电一体化系统设计中也忽视了这一点。③机器人手臂的运动受限，通常在三维空间活动，使得在机器人安全保护方面的工作有所欠缺。

在进行机电一体化系统的检修时，也许会发生机械自行运转的情况，或是机器人在较为危险的区域工作，使得人类不得不进到危险区域对机器人进行控制。例如，在进行机电一体化系统操作和检修时，检修人员需要对机械或是机器人的位置进行精准的判断，但是为了以防万一，还是需要在检修之前将电源切断，避免对机器人手臂造成伤害。

三、保障机电一体化系统有效性的方式分析

保障机电一体化系统有效性的方式主要包括以下几点：①安全栅。在安装安全栅后，可借助安全栅的互锁功能，使安全锁与机器人运转同步，将安全锁关闭时，机器人也停止工作。②警示灯。安装警示灯可在机器人运转时进行提示，从而降低操作人员误入工作区的概率。③监视器。安装监视器可实现对机电一体化系统的全面监管，

从而对监视人的操作进行控制，提高机电一体化系统的安全性。④防越程装置。安装防越程装置可使机器人的回转保持恒定，从而对机器人的使用范围进行控制，可采取安装限位开关和机械式制动器的方式来实现。

机电一体化系统设计可以提高机电一体化系统的工作效率和质量，从而使机电一体化系统的操作更加便捷，实现机电一体化系统的改良与优化。但还要对机电一体化系统的影响因素进行分析，从而采取相应的应当策略，确保机电一体化系统的安全性和稳定性，实现机电一体化系统的全面发展。

第四章　机电一体化的创新研究

第一节　机电一体化设备诊断技术

机电一体化技术指的是将电工技术、机械设备制造技术、电子计算机技术、信息技术、微电子技术、接口传输技术、传感设备技术以及信号交换等多项技术综合性地结合起来，应用在实践的生产当中。设备的故障诊断要求对设备的运转状态做出评价和判断，设备的各部件在正常运转的过程中，难免会出现受力磨损等情况，久而久之就会出现故障，如未能及时做出诊断和维护，往往会导致严重的后果。本节结合案例对机电一体化设备故障诊断技术运行步骤和基本方式进行集中解构，旨在为技术人员提供有效的技术建议。

所谓的机电一体化设备指的就是综合多种先进的技术，并可以将其较好地运用到实际工作中的设备。生产带动了经济的发展，也带动了机电一体化设备的发展，并且被广泛地应用到人们生产的各个领域，但为了避免设备在运行中发生故障或引起事故，就必须要有诊断技术在设备旁守护，及时发现问题，防患于未然。

一、机电一体化设备的常见故障分类

现在企业中所使用的机电一体化设备结构复杂，所使用的零部件比较多，并且设备的技术含量也很高，所以对机电一体化设备的故障排查相对困难。机电一体化设备相对机械设备又比较容易出现故障。依据常见故障问题我们可以做出以下几种分类：①损坏型的故障。这类的故障一般是指机电设备的零部件出现断裂、点蚀、拉伤等问题；②退化型的故障。指由于长时间使用机电一体化设备，机器出现老化、变质、磨损等问题；③松脱型的故障。指设备的一些螺丝、螺栓等部件出现松动的问题；④失调型故障。指机电设备使用的压力比较高，或者零件之间的间隙很大没有调整到合适的比例等问题；⑤堵塞或者渗漏型故障。指机电设备发生漏气或者漏水，零件出现堵塞等问题；⑥性能衰退或者设备功能失效的故障。指设备不再具备特定的功能或者性能有所下降，等等。

二、设备诊断技术

现阶段，我国已经拥有了较为完善的机电一体化设备的诊断技术，在科学技术发展的带动下，一体化设备的诊断技术也越来越先进，对设备进行诊断时，可以及时地发现设备中存在的问题。诊断技术通常有以下几种：

（1）射线扫面技术。它的诊断原理是利用Y射线所形成的图谱对设备出现问题的部位和原因进行分析，主要用途是对工艺设备发生的故障进行检测，是一种新兴的技术。

（2）振动检测诊断技术。它是应用范围最广的诊断技术，它是通过有关的设备振动引起的振动参数来对设备中的故障及隐患进行的分析和检测，它主要被应用在设备故障的检测方面。设备在正常运行时会产生振动，这时利用诊断技术对其振动的参数进行检测，就可以了解设备是否存在问题，找出故障所引发的部位，若想要深入地了解故障所发生的具体部位，就要选择准确的测量点。利用振动检测技术不但使用方便，还能及时有效地诊断出设备所发生的故障部位及存在的隐患，提高了诊断技术的准确性。

（3）红外测温诊断技术。它主要是依据设备在不同的位置所对应的温度是否异常来对设备存在的问题进行诊断的。它是引用先进的红外检测技术与相应的机电一体化设备进行接触，在接触时感应设备不同位置的温度，然后确定设备故障的部位，它的诊断效率和精确度都相对较高。

（4）离线诊断和在线诊断。离线诊断在设备出现故障之后会得以运用，而在线诊断更加实用现今社会高速发展的信息技术的应用，能够及早发现故障。这些年来，迅速发展的以在线诊断技术为代表的现代故障诊断技术可分为解析模型法、信号处理的方法、知识的方法。后两种技术因其不需要检测对象的数学模型，已越来越引起重视。

（5）故障诊断的专家系统。专家系统主要有三个基本部分组成，即故障检测数据库系统、用户界面系统和故障分析推理系统等，通过专家系统的应用，可以更进一步促进机电一体化设备建设水准的增强。故障诊断的专家系统是一种基于信息技术的推广应用，建立在机电一体化设备的信息智能基础之上的新型系统，该系统在应用过程中故障查明的准确性和效率明显提升，减少了人力物力支出，是目前最先进的故障诊断技术。

三、完善机电一体化技术的诊断技术应用

（一）对设备进行仔细观察

我们需要看一下已经出现的故障是否有报警的提示，现在已有机电一体化设备具备自我诊断的报警提示信号，如果信号灯亮起来了，我们可以直接依据故障发生的具体情况进行原因分析及时地排除故障。对于没有报警提示的设备我们需要依据已有的经验进

行诊断。我们需要看一下机床的情况，确定已经出现的故障是否破坏了机床的正常工作。如果已经出现的故障并没有损害机床的工作只需要将其排除就可以了，已经严重影响机床的正常运作就需要永久性排除这种故障，避免对机床造成更大程度的伤害。

（二）对整体设备进行测试

技术人员要在设备故障诊断前对整体设备进行测试，根据设备基本性质和组合结构进行集中诊断和控制，确保设备在进行组合过程中工序完整且有效。并要集中段诊断理论和运行方法进行综合读取，确保测试信息符合实际需求，从而实现对机电一体化设备运行状态综合评估。只有提高设备运行有效性，才能在一定程度上保证故障诊断的有效进行。例如，机电一体化设备中的组合式变压器，产品型号为 ZCS11-Z，额定容量控制在 100kVA 左右，那么额定电压就是控制在 36.75 ± 2*2.5% 左右，额定频率在 50Hz，相数为 3 相等。

综上所述，机电一体化设备诊断技术的发展与我国经济的发展是分不开的。机电一体化设备有效、及时的故障诊断技术能够使维修人员准确判断设备故障所在，是保证设备正常运转、实现效益最大化的重要保障。随着信息技术和人工智能的不断发展，故障诊断也由原先的经验技术转为电子信息技术，这是社会的进步，更是我国机械设备技术发展和前进的基础。

第二节　机电一体化的煤矿设备管理

本节将说明机电一体化在煤矿设备管理中的意义，分析机电一体化基础上煤矿设备的管理策略，包括改进和提升煤矿设备的安全生产性能、优选煤矿机械设备、建立健全煤矿设备机电一体化安全管理、提升工作人员综合素质水平。笔者认为，在煤矿设备的管理过程中，合理应用机电一体化技术可以有效地提升煤矿设备的管理质量和管理效率，实现规范化管理，保证煤矿生产过程中机械设备的安全稳定运行。

计算机技术和信息技术的发展，有效地推动了机电一体化技术的发展，其逐渐发展为一门集算机信息技术、自动化控制技术、传感检测技术、集成化管理技术、综合机械技术、伺服传动技术等为一体的综合性系统技术。如今，机电一体化技术在社会各个领域中得到了广泛的应用，将其引用到煤矿设备管理之中，可以有效提高其管理效率和质量。大量实践和研究表明，通过落实涵盖给排水、综采、供电控制、通风、皮带运输、安全等机电一体化技术，可以使煤矿安全作业、生产作业、管理作业有效地结合在一起，并为煤矿企业管理者提供与煤矿井下开采相关的数据信息，以保证煤矿生产朝着无人化、数字化方向发展与迈进。

一、机电一体化在煤矿设备管理中的意义

（一）提高工作人员的工作效率

在煤矿设备管理中引入机电一体化技术可以使落后的生产方式得到有效改变，工作人员只需借助微机系统就能够对机械故障、机械寿命做出及时、准确的诊断，然后制定有效的措施对故障进行处理，这样不仅可以有效降低工作人员的劳动强度，而且还能提高工作人员的工作效率。

（二）提高设备的安全保障

近些年来，国家对煤矿生产的安全问题给予了高度的重视，倡导安全型矿山建设，将一些先进的智能化设备和技术手段引入煤矿建设之中，从而实现对安全故障的提前预知预报，避免安全事故的发生，降低不必要的伤害，确保工作人员的生命财产安全。

（三）提高企业的经济效益

虽然机电一体化的前期投入比较大，但是其不仅可以降低设备故障的发生率，而且可以缩短设备故障的处理时间，简化设备故障的处理流程，从而确保设备可以在短时间内恢复正常运行，提高煤矿企业的经济效益。

二、机电一体化基础上煤矿设备的管理策略

（一）改进和提升煤矿设备的安全生产性能

在煤矿生产过程中，机械设备事故时有发生，并且大部分诱发因素是因为机电设备有失安全性。通过对煤矿生产实践现状进行分析可以发现，为了确保煤矿设备的安全运行，需要对其型号进行科学、合理的选取，尽可能地选择安全性能比较高的设备，对于机械设备容易与人体发生接触的部位，如齿轮、联轴器及链轮等部位需要按照要求设置安全、有效、合理的防护措施。对于容易出现危险电压的复杂电气设备，还需要在其中安装防护装置，并对煤矿设备的安全生产性能进行不断的改进和提升，从而有效提高其运行效率。同时，也可以根据煤矿企业自身情况来对煤矿设备的性能和参数进行改进，最好对其进行可行性防护改造。在对煤矿设备进行制造的过程中，还需要加强对现有设备的升级改造，以期通过少量的投入最大限度地获取经济效益，更好地发挥煤矿设备的优势效能，确保煤矿设备的可靠性、安全性与稳定性。

（二）优选煤矿机械设备

通常情况下，不同类型的煤矿设备在价格、性能及质量方面存在一定的差异性，因此煤矿企业在对机械设备进行选择的过程中可以从多方面进行考虑，具有明显的多

样性特征。首先，在确保设备稳定运行的基础上，煤矿企业可以优先选择成本低廉且生产商信誉良好的机械设备。其次，煤矿企业也可以对国外的先进技术和机械设备给予引进，并将其与国产化机械设备有效地结合在一起，从而提高煤矿设备的管理效率。最后，做好煤矿机械设备的综合优选工作，可以确保所选的机械设备更好地符合实际生产需求，提高设备的生产效率和质量。

（三）建立健全煤矿设备机电一体化安全管理体系

如今，随着我国煤矿生产机械化进程的不断加快，有效地体现出机电一体化的作用。因此，要想构建一个优质煤矿安全生产体系，就需要从机电设备的实时控制、完善管理入手。实际上，煤矿机电安全管理属于实时动态的过程，其涉及的内容包括设备管理、系统管理、人员管理等。在机电设备管理层面，要采取措施确保每台机械设备都能够在健康的状态下维持运行，并通过制定一套科学、合理的管理制度来确保煤矿设备机电一体化过程的顺利进行，严禁质量不达标、不合格或不完好的设备投入到煤矿生产之中。煤矿设备使用单位还需要遵循生产安全负责的原则，严格按照各项安全标准来对其设备进行操作，履行设备检修预防制度，实施定期的设备点检，从而确保煤矿设备长时间保持健康、良好的运行状态，提高其运行效率。在系统管理层面，最好根据煤矿生产特点来建立企业资产运营管理系统、配件供应系统及设备维修养护系统，通过对各个系统的有效控制来保证煤矿设备处于健康运行状态，使煤矿设备可以创造出最大化的经济效益。在人员管理层面，煤矿企业要本着从上到下的全员管理理念来开展煤矿设备管理工作，明确各自岗位职责，将他们的职责与利益挂钩，从而更好地激发员工的工作热情和积极性。同时，煤矿企业还需要做好员工的教育与培训工作，不断丰富他们的专业知识，强化他们的专业技能，从而更好地提高他们的综合素质水平。

（四）提升工作人员综合素质水平

对煤矿企业而言，安全生产至关重要，而工作人员是影响煤矿企业安全生产最活跃且最关键的因素，因此应该遵循“以人为本”的管理理念，秉承管理、装备与培训并重的原则，更好地提升工作人员的综合素质水平。煤矿企业要定期对工作人员进行安全培训教育，使他们养成良好的安全生产素质，提高他们的操作技能，使他们能够对现场安全事故进行及时、有效的解决。煤矿企业可以把“三违”作为工作人员的突破口，对工作人员进行抓严、抓实管理，为他们营造一个人人讲安全、抓安全、管安全的机电一体化生产氛围。

在进行煤矿生产过程中，各个方面、各个环节的管理工作必不可少，这是提高煤矿安全生产的核心途径。目前，我国大部分煤矿安全事故的诱发因素均来自煤矿机械设备发生故障、管理和监控不合理等。因此，为了有效改善上述现状，将煤矿设备故障的发生率降到最低，就需要在机电一体化的基础上优化煤矿设备的管理工作，不断改进和提升煤矿设备的安全生产性能、完善煤矿设备机电一体化安全管理体系、提升工作人员综合素质水平。

第三节　机电一体化设备诊断技术

采用机电一体化设备的故障诊断技术可以帮助工作人员及时发现设备存在的安全隐患，避免安全事故的发生，提高工作环境的安全性。更重要的是机电设备的运行状况会直观地反映出企业维修技术水平的高低，提高设备的利用率，延长设备的使用寿命，自然提高企业经济效益。本节对机电一体化设备的故障特点做了具体分析，对其相应的诊断方法和机电一体化设备的故障诊断技术进行了探讨。

企事业机械加工中的最关键设备就是机电一体化设备（数控类机床、振动试验设备、测量设备和微电子技术制造设备等）。这类设备的价格还是比较昂贵的，而且对企事业来说机床的寿命是非常重要的。

一、对机电一体化设备的故障理解

如果设备出现了故障，损失和影响都是比较大的，而且更多的使用单位和使用者更看重其效能，并不关注它的使用情况，更有甚者进行超负荷加工等，而且因出现故障导致停工的现象都是很普遍的，因此，为了发挥机电一体化设备的效益，更应该合理充分地使用设备，不但要做到对其进行动态的监测和管理，并且做到对故障进行预前处理，最重要的是我们一定要重视日常维修和保养工作。

二、机电一体化设备的故障诊断解决方法

电子设备的故障具有隐藏性、突发性、敏感性的特点，机电一体化的系统不但有原有的机械和电子的特点，还有表征复杂性、故障转移性、融合性和交叉性。更因为机电一体化设备具有独特的特点，所以机、电有机结合和转变思维方式对设备故障的分析显得尤为重要。首先，更加深入地分析和了解机电一体化设备，对各功能模块框图要极为熟悉，根据各组成部分的组合、功能形式和工作环境，准确地分析故障最有可能的形式和它所带来的影响程度，做故障树分析也是十分有必要的，通过故障发生的现象可以层层分解，找出故障形式的可靠性和逻辑关系有关的因素，弄清产生故障的根源和实质。机电一体化设备的故障分析诊断法有故障树分析法、压力检测诊断法、自诊断法（故障代码、故障指示灯、报警等）、振动检测诊断法、温度检测诊断法、噪声检测诊断法、金相检测诊断法和时域模型分析法等。

三、常见的各种故障分类

（一）按故障报警和有无指示

按故障报警和有无指示可分为无诊断指示故障和有诊断指示故障。高级机电一体化设备控制系统都有实时监控整个系统的软、硬件性能和自诊断程序，如果发现了故障就会立即报警，可能还会在屏幕上显示指示说明。通过系统配备的诊断手册，故障发生的原因部位不仅可以被找出，而且可以提示故障的排除方法。由于上述诊断不完整通常会导致无诊断指示，只有依靠维修人员的熟悉程度和技术水平才可以对这类故障产生的前因后果加以分析和排除。

（二）按故障出现对机床或对工作有无破坏

按故障出现对机床或对工作有无破坏可分为非破坏性故障和破坏性故障。对于非破坏性故障，找出原因并进行解决；对于非破坏性故障，损坏机床或损坏工件的故障在维修时不允许在此出现。

（三）根据系统的偶然性

根据系统的偶然性可分为偶然性故障和系统性故障。系统性故障是指在满足一定的条件下则一定会出现的确定的故障；而偶然性故障是指故障的偶然发生是在相同条件下发生的。后者的分析比较困难，大多数是跟机床机械结构的局部松动有关系，也和部分电气元件的工作特性漂移有关系。这类故障分析需要反复试验和综合判断才能够准确排除。常见的设备故障可分为机械故障和电气故障。

四、机电一体化设备可靠性设计及影响

可靠性设计是这几年发展迅速和广泛应用的一种现代设计方法，它把数理设计和概率论应用于工程设计，把传统设计不能处理的一些问题不仅解决了，而且还能有效、准确地提高产品设计的水平和质量，并且降低了不少成本。

影响机电一体化设备可靠性的因素有很多，一台设备从数控柜到电机和电力元器件各种各样、五花八门，要对影响整机可靠性的因素做全面评价是相当困难的，那么就只能从一些具体问题来入手，从而提高整机的可靠性，而影响可靠性的因素如下：

（一）元器件失效的分析

构成整个数控设备的基本单元是元器件，整机可靠性的基础是单个元器件的可靠性，根据概率运算法则，整机的失效率相当于各组成部分的失效率之和。因此，如果用于实际系统，应该严格挑选失效率低的产品。

（二）元器件的链接、组装和保养

机电一体化设备有着复杂的控制系统，纵横交错的电气元器件，只有解决好链接与组装的可靠性，才能保证整机的可靠性，产生系统故障的原因之一，就是插接件的接触不良会造成信号传送失灵。此外，由于湿度、温度变化比较大，机械振动的影响以及油污粉尘对元器件的污染都会影响系统的可靠性。

（三）电磁干扰的处理

利用电能进行加工的电气控制设备是机电一体化设备，伴随着电磁能量的转换是在运行过程中的，往往一方面本身会受到所处环境电磁干扰的影响，另一方面也会对周围环境产生影响。加工中心和数控机床是电力、机械、电子、弱电、强电、软件、硬件等紧密结合的自动化系统，是作为机电一体化的产物。电磁干扰和电磁环境问题也是一个极为复杂的问题。一般来说，数控系统被引入电磁干扰源的主要途径有制动影响（有大功率用于制动的电机）、电器开关接通断电时有电火花产生的高频电磁干扰、交流供电系统受邻近大功率用电设备启动（如使用电焊机），造成电压电源波动；缺乏足够稳定的功率储备，直流电源负载能力不足，造成直流电源电压随负荷变化而波动，布局不合理或电源与地线的线径太细，公共的导线阻抗在电子元器件相互之间通过，发生信号交叉干扰或畸变。

科技在发展，时代在进步。我国的故障诊断技术也在不断发展，虽然也存在问题，但是随着科学技术的快速发展，先进机电产品在实际中的应用及效果越来越受重视。理论方法固然重要，但是，只有深刻地理解理论和实际及其相互之间的联系，并且在实践中充分、准确地运用理论，故障诊断的效率和精度才能提高，设备的可靠性才能提高。

第四节 机电一体化协同设计平台

为了提升和加强机电一体化设计产品时不同专业和学科的设计人员协同设计时的效率，通过使用 CAX 软件，在 Web 项目组级 UML、PDM 技术的前提下，模拟现实样机的技术构建一个集机电一体化协同进行设计的平台，能够使机电一体化各种学科在协同设计时的高效性得到满足。本节探讨了 PDM 服务器和不同的工作站群以及这个协同设计平台运作流程，显示其可提高多样化专业和学科相关设计人员协同设计的效率，设计人员展开创新设计所占比例也明显增加。

机电一体化实际上也被称为机械电子工程，其技术完美融合了计算机技术、机械技术、自控技术、信息管理技术和电子电工技术等相关技术。本节根据现存的 CAX 软件，基于 WEB 项目级 PDM 技术，模拟样机技术建立起机电一体化协同设计。

一、平台结构

机电一体化协同设计的平台结构，主要是由以 WEB 项目级为前提的 PDM 服务器跟很多其他完成各自设计的工作站群根据局域网进行联网，同时通过设计部门网关于企业级网关各自连接到企业内网与 Internet。所有的工作站群根据基于 WEB 项目组级 PDM 服务器互相交换设计数据，为今后的协同设计奠定基础。MCAD 指的是机械 CAD 软件，比如 E、UG；ECAD 指的是电气 CAD 软件，如电气版 AutoCAD；EDA 指的是电气设计自动化的软件，如 PADS 等；而 CAE 指的是电脑辅助工程软件，如 ANSYS 等。

二、项目组级 PDM

PDM 全称为 Product Data Management，是特种某类软件的总称。PDM 是协助工程师与相关人员对产品数据进行管理、对产品进行研制开发的一种工具。PDM 系统能够做到对设计所需要的信息和数据进行有效跟踪，并以此来保护产品。PDM 能够对图文档和数据库记录进行管理与规划，它是凭借 IT 技术对企业进行优化管理最行之有效的一种方式，是企业现实问题跟科学化管理结构相融合的一种产物，是企业文化跟网络技术相结合的一种产品。由于 PDM 系统具有规模性、开放性和功能性等区别比较大，所以通常我们将其划分成两类，其一面对的是设计团队，针对具体化的研发项目，在局域网中运行 PDM，我们也把这种称为项目组级 PDM。其二就是企业级 PDM，它是比较高层次的，可以根据用户需要以任何种规模的形式构成多网络环境、多数据库、多硬件平台等集成于一体的跨地区和企业的超型 PDM，从而提供完整的解决方案，我们这里所用到的则是项目组级的 PDM。

三、工作站群

在机电一体化协同设计的平台当中，囊括了多个执行各种任务的工作站群，这主要是根据设计人员专业水平进行划分并加入到设计管理当中的工作站群。机械设计的工作站群主要是负责机械设计工作，包括获取任务书、根据产品方案与设计程序对负责的部分机械加以设计核算、用 MCAD 来建模，用 CAE 软件来分析和优化模型，并修改、转变成工程图，向 PDM 提交。控制算法和设计软件的工作站群其职责就是根据设计流程和产品的方案，把特定设备硬件原理作为中心参考，对其进行软件和控制算法的相关设计。控制算法可以通过使用 CAE 软件进行仿真分析，之后运用特定软件来研发工具，对已设计好的控制功能和算法通过计算机语言的形式进行调试，最后将其提高到 PDM 中。设计管理的工作站可以作为单独的工作站存在于协同设计里，同时我们也可以把它放到已完成设计任务的某个特定工作站中。设计管理的工作站主要是对设计进行审查，控制设计进度，充分协调发生在设计人员之间的冲突。

四、机电一体化系统设计平台的运作

开发新型机电一体化产品，首先要做的就是按照具体需求制订相应的实行方案，由于一体化产品涉及许许多多的专业和学科，所以要运用一种在各学科和专业中都可以进行沟通的语言对方案与流程进行详细描述，现在，运用比较好的语言就是标准建模语言，简称为 UML。它所采用的是比较成熟和完善的建模技术，用来通过图形化描述机电一体化产品的设计流程与实行方案，方便进行协同和沟通。在制定开发流程时，为每名设计人员都制定一个任务书，之后把这些任务书放在 PDM 系统当中，方便设计人员参考，把用 UML 建立产品实行的方案和设计流程这一环节当作是产品的概念性设计，在所有设计环节中，概念性设计是其中最为主要的一个环节，它对产品创新程度造成了直接化的一个影响。这一环节结束之后就是具体的设计和搭建环节。设计人员以概念性设计结果为基准，把“样机”作为主线，在彼此之间相互协同这一基础上，各自进行设计工作。当物理样机达到设计要求之后，最后环节就是处理技术文档，比如说明书等。

由于采用 UML 技术，研发团队中所有学科设计人员在设计时的沟通变得更加有效，设计工作都在同步高效进行，因为利用了虚拟样机技术，也提高了设计质量。这个平台的有效实行，还使得研发团队有了足够的时间去创新设计。

第五节　机电一体化工艺设备创新

机械行业的发展基础是机械设备的研发，为了让机械行业获得更好的发展，需要机械产品以满足市场需求为基础，以实际需求为导向。机械研究的一个主要方面就是机械自动化，但它对机械研究人员提出了很高的要求，因为在某种程度上讲，它同整个机械系统的完整性是相互关联的。同时，为了促进自动化机械设备设计和制造的发展，机械研究人员在机械设计和制造方面，不仅需要从多角度研究机械知识，还要在与之相关的其他领域做出研究，然后通过在其他领域所学到知识与机械设计研发与制造方面相结合，从而达到创新的目的。

机械制造及其自动化技术在我国制造业快速发展的背景下，迎来了发展的新时机，机械制造及其自动化正在实现向智能化、高效化过渡，改变依赖于人工的传统方式。为了改变机械制造技术的单一局面，推动其多元化发展，我们利用新技术让机械制造

自动化技术能够与微电子技术、自动化技术和过程控制技术逐渐融合，逐步形成并发挥智能化机械制造技术的优势，同时加快机械行业的发展速度，扩大在整个机械行业的影响力。

一、自动化机械设备发展历程和研发分析

（一）发展历程

机械化自动技术首先应用在20世纪20年代的机械制造加工的大批量生产中。可变性自动化生产技术一直到60年代才逐渐出现，也慢慢适应了市场需求量和变化，使得机械制造业面对市场的反应能力逐步增强。机械化自动技术在制造系统基本不变时，生产过程自动实现预先设定的操作，同时零件的制造可以自动转变。

到目前为止，我国的机械自动化水准还只是位于操作阶段，和发达国家相比存在的差异还非常大。所以，我国引进国外先进技术的过程必定是循序渐进的。我们要从基本国情出发，以吸收、消化国际自动化技术理论为基石，不断改革，不断发挥创新能力，形成一套属于中国的机械制造自动化技术理论，同时应用到实践当中来推动其技术的迅速发展。

（二）研发分析

1. 设计方面

在设计研发自动化机械设备的时候，首先要从实际情况出发，然后把大体的工作范围规划出来后就可以提出申请。得到批准便开始把包括施工人员、技术、成本等方面的规划进一步细化。设计方面的工作都做好了以后还要提交二次计划，并且在经过批准以后划分板块。部门之间的工作分配也要合理，工作人员各司其职，才能加快部门的高效运转。

2. 制造方面

整体项目规划完成以后，就需要发挥加工部门加工工艺的作用。施工前要做好同各个部门之间的沟通工作，了解图纸的详细内容，尽可能避免在加工的时候出现差错。设计部门要把图纸上的数据标清楚，同时保证尺寸精确数据无误，对加工的整个制作流程严格监督管理，确保一切顺利进行。

3. 交付方面

机械设备的外观应在设备完工后由设计人员做好检查和验收工作，检验合格便能继续进行调试，最后运行设备，同时留意运行的状况。设备的性能和安全都符合标准，同时完成了交付工作，设备就能正式使用了。

当然，在使用机械设备时还要做定期养护和检查机械设备的运行状态，要及时登记、及时维修。

二、自动化生产线工艺设备的创新设计

现如今只有很少一部分大型制造企业自动化程度比较高，虽然这项技术促进了生产线的高效运转，但是需要的投入比较多，场地和设备多，有时候会造成浪费，维修过程也相对复杂。部分企业使用比较落后的手工操作进行生产，存在生产效率低、安全隐患多、操作人员分配不合理等不足，劳动强度大，会浪费大量的人力资源。

以板材冲压生产线为例，一种重要的金属材料塑性加工方法：板材冲压成形法，被广泛应用到航天航空、汽车工业等领域，其技术水平直接影响着企业的成本和研发周期。

（一）满足工作空间布局约束的伸缩机械

狭义的伸缩臂是一种装在挖掘机上、通过伸缩组的作用使之能够灵活伸出和缩回的工作装置，同时工作半径还扩大了，这就是传统的伸缩臂。虽然它在理论上能用于组合形式的机械手上，但是它所占空间过大，也超出了标准重量，所以设备的稳定性因此受到影响。

这种能够最大程度节省空间的气动式折叠伸缩臂，相对伸缩臂来说，可以成倍缩小所需空间，而且它在机械手整体滑移的时候，处在紧缩状态，所以有着很强的稳定性。

（二）基于产品质量考虑的板料分离方法

在冲压生产线中，板材表面附有油膜，并且经常会使板材粘在一起，另外由于手工操作没有专门的拆垛过程，所以手工操作者在取料时完全只能凭手感。如果把双层板材或者多层板材送入到模具内，可能会对模具造成一定程度上的损坏，随之而来的是昂贵的维修费，因而延误了生产。

这种基于双料检测的板料分离方法，料垛预先进行独立吹气处理，采用分为动吸盘和静吸盘的端拾器微变形模式，同时安装了厚度传感器，可以对板料厚度进行检测，只有在单张厚度的情况下才进行送料处理，多张厚度则需要重新抓取。

（三）柔性生产线中的“积木式”组合设备

柔性生产线的灵活性和“积木式”的组合形式，可以有效地缩短产品变形过程中耗费的时间，从而解决因市场订单品种多、中小批量导致生产换线频繁的问题，能尽早地恢复生产，提高效率。“积木式”的组合设备由许多按照生产现状安装在溜板上的独立设备组成，这种组合设备只需要一个动力源，而且还增加了一个整体工作自由度Z5，最终还能使某些机构指令的复杂程度有效降低。

三、机械制造及其自动化总体发展趋势分析

在自动化技术及机电一体化技术进一步发展的背景下，越来越多的技术与机械制造及其自动化相结合，使得机械制造及其自动化获得了更好的发展时机，下面是其发展的三个总体趋势：

（一）向着机电一体化的方向发展

从现如今机械行业的生产过程中可以看出，朝着机电一体化的方向发展是未来机械制造及其自动化的发展趋势。我们在未来会使用机械制造及其自动化技术建成高度集成的数控设备体系，完成多种制造功能，彻底改变现有的半机械化半自动化的局面，使机械行业的生产效率和加工能力在很大程度上有所提高。

（二）向着智能化的方向发展

现如今数控设备的使用越来越广，使得机械行业迫切需要对技术进行升级。纵观现在的技术发展方向，在将来机械行业的发展过程中，智能化将成为机械制造及其自动化技术发展的主要方向。机械制造及其自动化技术与智能化技术的融合推动了数控设备的迅速发展，最终促进了机械行业整体水平的提高。

（三）向着模块化的方向发展

模块化成了目前机械制造及其自动化技术新的发展方向。未来的机械行业将会采用模块化生产和集成式发展模式，将会改变传统机械行业的生产方式，促进机械行业的发展。目前，模块化生产已经渗透到了实际生产中，不仅促进了高效生产，还增加了对机械行业的生产的影响力。

本节对生产线工艺自动化改良中的设备创新进行了工作研究，尝试提出了生产线自动化改造中的几种有效设备与方法。让我们了解到，只有机械设备的制造技术不断创新，机械设备制造行业才能快速发展。当然，还要注重和提高操作人员的整体素质，企业可以通过奖励模式来调动员工的积极性，便于加快机械行业的发展速度。

第六节　机电控制系统与机电一体化产品设计

现代科技不断提升，在机电控制系统领域投入的科技水平也越来越高。目前逐渐采用机电控制系统与机电一体化产品设计技术，这一方面的技术应用已逐渐推广到多个相关领域，取得极大成效。本节从了解机电控制系统入手，深入探讨机电控制系统与机电一体化产品设计。

伴随着科技水平不断提升，机电控制领域也逐渐采用一体化设计思想，这极大程

度上解放了人力，同时提高了机电工程运行的效率和质量。本节通过了解机电控制系统与一体化设计的理念，并结合这一技术在机电控制系统中的具体运用，来探讨机电控制系统与机电一体化产品设计的进步之处，致力于推动我国机电控制系统领域的高速发展。

一、机电控制系统和一体化设计理念

目前各领域的发展中逐渐趋向于一体化，减少了人力、物力的投入，采用自动化控制设备来提升控制系统的科学稳定性。在机电控制系统领域也逐渐采用一体化的设计理念，并在具体应用中取得了较好效果。

（一）机电控制系统

机电控制系统是为了让机电生产设备和机器能够正常运作，按照规定好的程序进行自动的操作。高效的机电控制系统，可以使整个工作运行形成一套完善的运作体系，完成特定的任务。因此，机电控制系统最重要的部分在于控制，目前在相关技术领域采用的是单片机技术和通信技术等的结合，通过这些技术的相互结合来起到综合性作用。机电控制系统的发展越来越趋向于一体化，并在我国航空航天等多领域实现了突破性进展。

（二）一体化的设计理念

近年来，我国在机械制造领域投入更多科研资金，发展更高效的发展方式，有效推动了我国制造业的发展。借鉴信息产业等采用的一体化改造技术，同时汲取西方等国家的机械一体化设计理念，在我国机电领域也逐渐推行一体化的设计。因此，我国在对机电控制系统领域进行进一步发展时，可以朝着一体化的方向进行完善，将机电产品作为完整的自动控制系统进行升级。在发展过程中，不仅要借鉴一体化的设计理念，同时要将智能化、网络化以及系统人格化等技术理念与机电控制系统联系起来，这样才能真正实现机电一体化的产品设计。

（三）机电控制系统的发展

在未来的发展中，机电控制系统更趋向于无线远程控制，这更考验了其一体化产品设计的运用效果。借助机电控制系统的一体化，可以帮助操作人员进行远程控制，这一过程建立在通信网络连接的基础上。因此，在未来机电控制系统的发展中，要将计算机技术与远程监控系统等紧密联系起来，借助这些技术来加强对机电控制系统的监控，使机电控制系统真正实现一体化。另一方面，也可以采用无须操作人员监控的一体化控制系统，这一技术的应用需要把检技术人员与机电控制系统通讯的平台，实现远程人机交互控制。在未来的发展中，机电控制系统将不断完善，朝着更高科技的方向发展。

二、机电控制系统与机电一体化产品设计

（一）使电子控制与机械结构控制紧密结合

由于机械装备和电子系统都无法单独完成任务，因此在设计中通常将二者联系起来，这样才能更高效地完成预定目标。同时增加更多的技术，实现软件硬件的高效结合，这样的设计满足了机电控制系统的准确度，同时大大提高了产品运行的效率和质量，满足了市场需求。

通过对编程器件进行优化升级，并将电子控制融入机械控制中，可以大大提高机电控制系统的运行质量和性能，进而运行机电一体化的设计。

（二）整合电子控制与机械控制功能模块

部分机电控制系统在运行一体化产品设计理念时，无法完全实现机电控制与电子控制结合的效用，这就需要将产品各功能模块进行整合，使其成为一个综合系统。这样的综合系统有利于机电系统实现一体化，同时节约了设计的时间和成本，并且有利于故障维修和操作管理。对于机电控制系统的一体化产品设计而言，多功能模块的整合是一项基本要求，对于机电控制系统一体化具有重大推动作用。

机电控制系统未来的发展要适应时代的需求，采用一体化的产品设计理念，同时不断优化升级自身控制系统的设备，实现性能等提升。通过将电子控制系统与机械控制系统紧密结合，来提升机电控制系统的稳定性，这是一体化设计理念运用的最好表现。未来的发展中，机电控制系统也将朝着一体化方向不断迈进，实现更好的效用。

第五章 机电设备控制自动化技术

第一节 建筑自动化机电设备安装技术

我国经济水平的增长、社会的进步，同样也促使科技能力的提升。在开展建筑工程的建设期间，也提出了现代化的要求。想要确保建筑的功能得到健全与完善，满足人民群众的居住与工作需求，展开自动化机电设备的安装工作非常关键，合理、科学地运用安装技术，能够将自动化机电设备的运用成效大幅度提升，是实现建筑现代发展的核心因素。本节首先针对机电设备安装的主要特点展开简要的阐述，并将其作为切入点，探寻更加有效的安装技术应用策略。

当前，在建筑工程当中，需要运用到越来越多的机电设备，在安装机电设备之时，必须要适应现代化建筑的发展，实现自动化的目的。在安装自动化机电设备期间，需要涉及众多的内容，对于安装技术有着较高程度的复杂性，因此，只有规范安装技术，提升安装技术水平、对安装流程进行规范，才能够保障自动化机电设备的安装效率与质量。由此可见，探寻最为适宜、有效的安装技术，是当前相关从业人员迫在眉睫需要解决的问题。

一、建筑自动化机电设备安装的主要特点

（1）在施工作业的工期方面，具备较长的跨度，自初期的设施制作、管线预埋采购，中期设施的调试安装、试运行，直至后期的竣工交付验收时期，都处于建筑自动化机电设备的安装范围当中。因此，在安排时间、周期之时，必须要确保其具备及时性与适当性，同时，还需要将安装的成本管控、质量做出细致化的保障。

（2）在开展安装作业之时，会面临较多的节点，造成参与自动化机电设备安装的团队、人员也相对较多，由于各个施工团队、施工人员的技术能力存在差异，承担的作业范围也不同，相互之间无法做到深层次的沟通与交流，对安装的作业面缺乏熟识，对自身负责的安装项目施工工期有所关注，对安装过程当中的交接工作较为忽略，这会对整体自动化机电设备的安装效率造成巨大的影响。

（3）在自动化机电设备的安装过程当中，涉及众多的专业，且专业的跨度比较大。其中不仅蕴含给排水、暖通以及电气系统等方面的传统设备安装，同样也包含网络电子、数控、智能系统等技术的安装与管控工作。不仅包含水泵、配电箱、锅炉等较为传统的设备安装，同时也包括数字化集成设施、摄像头、计算机等现代化机电设施的安装。因此，从专业的角度来讲，必须要由具备专业经验技术的施工团队来展开安装作业，同时还需要管理安装项目的工作人员自身具备更加高效、丰富的管理经验，从而确保安装的各个节点都能够合理地展开作业。

二、建筑自动化机电设备安装技术的应用策略

（一）弱电系统的安装

1. 中央主机的安装

中央主机包含于弱点系统当中，通常，对于中央主机而言，都是在装饰作业以及主机房建设竣工以后开始安装的。中央主机在各个弱电系统当中，属于高度集成的设施，在安装该设施期间，主要包含软件的调试与安装、系统的联动调试、现场连通线路的连接与校准、设施的准备等内容。对于设施的各个构件以及设备，必须要严格遵循相关的标准展开安装作业，避免锈蚀的现象发生。

2. 电梯的安装

建筑物的安全性能、电梯后期运用的状态与电梯安装的成效有着紧密的关联，因此，安装电梯期间，必须严格遵循我国相关的安装规范，防止出现安全隐患。在安装电梯时，主要采取以下的流程：

第一，在开展安装工作前夕，必须要整体复核建筑物的尺寸与结构，同时需要严格地审查安装期间所需要运用到的各项设施与构件，对安装的现场展开更加安全的核查。

第二，在安装的过程当中，必须遵循相关的流程、规定，从而实施各个工序的安装作业。

第三，将制造企业的调试工作同安装企业的自检工作有效融合，同时需要聘请专业的检测企业展开最终的验收与调试工作。

第四，需要同安装现场的实际状况相结合，将安全防护措施做好。

（二）通风系统的安装

在通风系统当中，主要包含排气处理、风道、排风机等系统。在安装通风系统时，会面临巨大的作业压力。因此，可以将其划分为三个等级，即高压、中压以及低压。在安装风管系统期间，必须要以相关的合同规定、法律法规作为依据，从而合理实施安装作业。对于施工单位来讲，对于风管的质量必须要严格的管控，需要选取不燃材料覆盖风管；针对防排烟系统而言，必须要确保风管的耐火级别同相关的标准相符。

在完成风管系统的安装作业以后，必须要细致地检验其严密性能，主要针对风管管段、咬口缝做出严格的检查。并且需要将风管系统的差异压力作为依据，从而选取不同的测试与检查方法。

（三）给排水系统的安装

1. 给水设备与管道的安装

身为安装工作者，必须要对安全文件有充分的掌握，全面核查相关设施，确保锈蚀、破损等现象不会发生，对于转动的位置，不可以出现异常响动或卡停的状况。对于布置引入水管工作，需要同建筑工程的实际状况相结合，对尺寸是否与相关标准相符做出确保。安装给水管道时，需要符合规定的标高，对于焊接的部位，不可以紧贴墙壁，能够方便日后的排查工作。在完成管道安装以后，必须要对技术文件认真记录，并且做好埋地铺设管道的验收工作。对于楼板与穿墙的管道，需要进行保护，并且妥善处理套管与管道之间的缝隙。另外，不可以随意停止安装，还需要将封闭关口的工作做好。在焊接管道期间，需要良好维持管道两环之间的缝距。房屋之间的线盒暗敷管线，采取横向与斜向走管方式，完成墙体施工以及干硬墙壁以后，运用切割机与界石机在墙面打出浅沟，进行管线的铺设，再修补墙面的浅沟。线槽与线管，都需要展开支架的安装：线槽需要用角铁支架；线管的支架需要安装于墙壁上。

2. 排水管道的安装

排水所需要的塑料管必须要与安装的需求相符，将实际状况作为依据，合理设置伸缩节，将管道的坡度做出良好掌握，不可以同烟囱相连接。在每一层立管管道处设置检查口，方便日后的排查与维修工作，对于安装技术的应用要更加规范，将安装的质量做出保证。

3. 消防系统的安装

人民群众的生命财产安全同消防系统的合理安装有着密切的关联，因此，在安装消防系统时，不可以出现任何的疏忽。需要将设计需求作为依据，并且考量消防部门的建议，明确最优质的安装方案。确保建筑在发生火灾之时，报警阀、水流指示器以及灭火栓泵能够同时开启，将消防喷头的位置做出合理的设置，将一切安全隐患消除，对消防系统的顺利运用做出保障。

综合上述的分析来看，我国社会的进步与经济水平的增长，能够有效推动建筑朝着现代化的方向发展。因此，越来越多的自动化机电设备在建筑中得到广泛的运用，但是，如果没有妥善的安装自动化机电设备，将会直接影响到建筑物的使用功能，无法将人民群众日常生活、工作或居住的需求做出充分满足。因此，本节针对该问题，探讨了自动化机电设备的高效安装策略，提升安装技术水平。如此，不仅能够为施工企业带来更大的经济收益与社会收益，同时能够确保自动化机电设备在日后的使用能够更加安全、有效。

第二节 煤矿机电自动化设备自动化控制技术

当前，我国社会经济发展速度不断加快，社会各个行业的发展对煤炭资源的需求量不断上升。从某种程度上来讲，我国社会经济的发展需要大量煤炭资源作为支撑。在实际的经济发展过程当中，对煤炭资源的开发与使用效率低下，主要表现在我国对煤炭资源的开发与运用，还处于比较明显的粗放式开采状态。当前我国对煤炭资源的需求量越来越大，在煤矿开采过程当中，一些传统的机械设备无法充分满足煤炭开发量的需求，主要表现为煤炭开发设备的安全程度较低同时效率比较低下，直接影响到了煤炭资源开发的整体效率。因此，有效引入自动化控制技术，对提高煤矿机电自动化设备的高效安全工作和运行有着重要的保障。

一、自动化技术在煤矿机电设备中应用的必要性

（1）自动化技术的有效运用，最大化提高了煤炭资源的开发效率，同时对整个工业化的发展水平实现了良好的推动；

（2）自动化技术的有效运用，实现了机械设备自动监控和管理工作的实现，有效降低了人力资源成本的消耗，实现了企业整体经济效益的提升；

（3）对自动化技术的合理运用，可以有效提高煤矿开采工作当中的安全性，充分保证煤矿开采工作人员的人身安全。

在煤矿开采工作当中，自动化技术的运用，可以在发生煤矿开采事故的时候进行及时的预警，加快了救援工作的效率，进而降低了事故发生之后的经济损失。因此，自动化技术对煤矿机电设备的运用具有非常重要的意义。

二、自动化技术在煤矿机电设备中的应用

（一）监控监测设备的自动化

在煤矿资源开发工作当中，监控设备是其中一项非常重要的设备类型，通过自动化技术的有效运用，可以大大提高煤矿开采工作人员的工作安全。煤矿开采工作基本上都是在矿井以下进行，如果不能对整个煤矿开采工作流程进行实时性监控，那么会直接加大煤矿开采安全事故的发生率，进而对工作人员的人身安全以及企业的经济效益产生不良的影响。因此，在煤矿开采工作当中需要对煤矿监测设备进行自动化技术

的运用，实现对整个开采工作环节的实时性监督和管理，更好地保证煤矿开采工作安全高效化进行。与此同时，自动化监测和控制设备可以对井下工作环境进行实时性检测，帮助煤矿开采工作人员合理规划煤矿开采工作内容，选择正确的操作方式，有效提高煤矿资源的开采效率，实现人身安全保障。

除此之外，自动化技术还可以实现对工作人员的日常出勤工作的实时性监督以及管理，在发生意外情况的时候，可以有效地监测到井下工作人员的具体状态，收集重要的数据信息，帮助救援人员展开救援工作，最大限度降低人员伤亡程度。但是这一技术在我国煤矿监测工作中还处于发展阶段，仍然需要相关研究人员不断加大研究力度，保证自动监控技术的充分发挥。

（二）提升设备自动化

煤矿开发工作当中矿井提升设备主要是对矿井以下的材料向地表面运输，或者是对工作人员进行地表以下的下放工作，是煤矿开采工作当中非常重要的工作设备。将自动化控制技术有效运用在煤矿提升设备当中，可以有效提高设备的实际工作效率，保证设备安全稳定工作，比如通过全数字化提升机的运用，实现了提升机的数字化监控，大大提高了提升机的安全性能。除此之外，自动化提升设备还具有良好的自我监控能力，当设备本身存在问题的时候，会做出及时的预警信号，为工作人员的检修工作提供充足的时间。同时通过自动化技术的运用，有效提高了各种不同设备之间的联系程度，建立起了非常完善的循环操作系统，有效地提高了煤矿开采工作的整体效率。

（三）井下传送设备自动化

在井下煤矿资源的开采过程当中，传送设备是其中一项非常重要的设备类型，可以实现对工作设备和煤矿资源的高效率传送。在实际的工作过程中可以实现物资传送的连续性和高效性，有效提高了井下运输作业的安全性。全自动带式传输机是当前我国煤矿开采单位经常使用的一种设备类型，通过机电一体化工作的设计，有效提高了煤炭工作的效率以及质量，提升了物资传输的速率。但是在实际的操作过程当中，由于整体的安全系数较低，在长时间的井下作业工作当中很容易产生各种不良影响因素，直接造成煤矿开采工作效率低下。因此，我国煤矿生产单位必须要不断加大对自动传送带设备的研究力度，对工作过程当中的安全性能加以保障，实现煤矿资源开采效率的提升。

（四）采掘设备自动化

在我国煤矿开采工作当中，因为矿井内部的工作环境非常复杂，造成了工作人员的施工难度不断加大，同时在矿井开采工作当中，经常会存在各种危险因素，工作人员如果操作不当直接会引起不良的安全事故，对其生命安全造成严重的影响。通过自动化掘进设备的有效运用，不仅可以大大提高掘进工作的效率，同时还可以有效地降低工作人员的工作强度，提高煤矿资源开采的安全性和高效化。电动牵引采煤机是当前煤矿生产单位当中一个非常重要的自动化开采设备，该设备可以运用在各种复杂地形的煤矿开采工作当中，具有较强的牵引性能，在工作过程当中不需要任何防火设施，有效保证了煤矿开采工作的质量和安全性，同时通过对该设备的有效运用，大大提高了煤矿生产工作的电能使用效率，对实现煤矿开发单位的整体经济效益有着重要的保障。

当前我国工业发展速度不断加快，使得煤矿资源的需求量不断上涨，传统形势下的煤矿开采技术相对比较落后，不但无法满足煤矿作业的具体要求，同时还很容易产生不良的安全事故，造成煤矿开采单位的经济损失。基于这方面的问题必须要将自动化技术有效地运用在煤矿开采工作当中，实现煤矿开采效率和安全性的提升，推动煤矿开采单位的长远、稳定发展。

第三节　煤矿机电设备自动化集中控制技术

本节主要分析了集中控制技术的总体结构设计，重点介绍了集中控制技术在煤矿机电设备自动化中的应用，其既可以实现对煤矿机电设备的集中化控制，而且还可以有效提高煤矿机电设备的运行效率。通过对集中控制技术进行研究，以期为煤矿机电设备自动化运行提供可靠的保障，并实现经济与社会效益的最大化。

目前，机电设备在煤矿生产各个环节中发挥着不可替代的作用，其既可以确保煤矿开采工作的顺利进行，而且还可以节约煤矿企业的生产费用，进而降低安全事故的发生率。通常情况下，煤矿机电设备运行效率的高低将会直接决定煤矿的开采效率和煤矿企业的经济效益。因此，在进行煤矿开采过程中，要做好煤矿机电设备自动化控制工作，而集中控制技术不仅能够降低设备故障的发生率，而且还可以提高煤矿开采效率。

一、集中控制总体结构设计

在进行煤矿生产过程中，其调度、监测及管理工作基本上在井上调度室内进行，并且煤矿井下调度室一般要求以井上调度室为中心，此时为了实现井上与井下的有效衔接，就需要借助集中控制技术，其主要是以 CAN 总线技术为主网，以实现 CAN 总线系统与组合开关的有效对接。在进行集中控制总体结构设计过程中，其主要是借助转换器和网关的方式，来实现综采工作面机电设备、上位机及单片机智能组合开关进行连接，在此基础上构建全新的集中控制系统，以实现对煤矿井下综采工作面的有效控制。

实际上，在集中控制技术中，上位机一般是指局域网通讯的主网，其他设备属于从网，在具体运行阶段，主要是以单片机为控制中心，进而实现对工作面的机电设备的远程监测和集中控制，且实时呈现电流、电压等信息。

（一）硬件设计

借助 HT6L1-400Z/1140 组合电器测控技术，不仅能够实现对多路负荷的有效控制，而且还可以完成信号检测、采集等工作，同时该技术还具备断相、漏电闭锁及短路等保护功能，主要是通过单机双速、双机双速及多回路程序等方式来实现对煤矿机电设备自动化的有效控制。HT6L1-400Z/1140 组合电器测控技术主要是由电磁阀控制箱、传感器、遥控接收器、操作箱、显示箱等组成。

（二）检测软件设计

①信息判断与处理。该过程一般包括了对机电启动程序、初始化程序、信息中断程序等进行有效的判断与处理。②LCD 信息处理。该过程一般包括 LCD 读写控制程序、LCD 舒适化程序以及 LCD 使能控制程序等。③信号信息处理与控制。该过程主要包括输入案件防抖动、输入信号数字滤波、程序接口、系统优化等程序。④ PIC16F877 单片机和 RS232 串行通信部分。该过程主要包括 VB6.0 编写出来的 PC 机显示程序、PC 机串口通信程序、PIC16F877 单片机异步收发通信程序等。

二、集中控制技术在煤矿机电设备自动化中的应用效果

（一）在矿井监督和控制方面

在进行煤矿生产过程中，安全事故是煤矿企业需要给予重点关注的问题，尤其是煤矿井下开采阶段，极易诱发安全事故，不仅会危及井下作业人员的生命安全，而且还会对煤矿的正常开采产生不利影响。因此，在煤矿开采阶段，可以借助集中控制技术来提高矿井监督和控制的效率，进而保证煤矿开采工作的顺利进行。如今，在煤矿井下生产过程中，集中控制技术在煤矿机电设备自动化中得到广泛应用，其一般是借助煤矿机电设备与人工的互相合作、互相协调来有效提高煤矿开采效率。

然而，目前集中控制技术在矿井监督和控制中还处于起步阶段，大多数煤矿企业并未对该技术给予高度的重视，在一定程度上阻碍了该技术的创新与发展，这样就极易出现错误报警情况，进而诱发井下工作人员出现不良心理情绪，对煤矿开采的质量和效率产生不利影响。为了使上述问题得到有效改善，就需要将集中控制技术科学、合理地运用到矿井监督和控制中，进而有效提高煤矿机电设备自动化运行效率。作为煤矿企业，还需要加强对集中控制技术的创新与研发，加大资金投入力度，这样既可以有效规避井下安全事故的发生，如井下坍塌、瓦斯爆炸等，而且还可以确保机电设

备自动化的安全、高效运行，进而有效提高煤矿井下作业效率，提高煤矿企业的经济效益。

（二）在煤矿运输方面

通常情况下，煤矿生产涉及多个环节，而且不同环节之间保持着紧密的联系，缺一不可。在煤矿生产中，煤炭运输是比较关键的一个环节，其不仅可以确保煤矿生产的正常运转，而且还可以有效提高煤矿生产效率，进而提高整煤矿生产的质量。

实际上，煤矿生产属于一项复杂性、系统性的工程，此时将集中控制技术应用其中，既可以提高机电设备自动化水平，而且还可以提高煤矿企业经济效益。在煤矿运输环节，如果无法配合煤矿生产工作，将会在煤矿生产现场诱发一系列的不良事件，最常见的就是煤炭大范围聚集等，其既会对后续煤矿开采工作的进行产生不利影响，而且还会影响煤矿生产的安全性、有效性。此时如果将机电设备自动化集中控制技术应用到煤矿运输之中，借助智能系统的集中控制可以对运输流程进行一定的优化和整合，而且还可以充分发挥煤矿运输相关设备的基本性能，进而有效确保煤矿运输工作的顺利进行。同时，集中控制技术的应用还可以有效规避煤炭大范围聚集现象的出现，进而提高煤矿运输调度效率，确保煤矿生产可以高效率、高质量地完成。

（三）在煤矿开采工作方面

对于煤矿企业而言，传统的煤矿开采主要是依托于人力，不仅需要消耗大量的时间，而且还会影响煤矿开采的进度，影响煤矿企业的经济效益。如今，随着人们生活水平的提升和经济社会的发展，对煤矿资源需求不断增多，此时传统的煤矿开采模式已经无法满足经济社会发展需求，需要对其进行改革和创新，而在煤矿开采中自动化集中控制技术就会成为大势所趋，其不仅可以弥补人力开采模式的缺陷和不足，而且还可以提高煤矿开采的效率。在煤矿开采过程中，提升机设备是不可或缺的组成部分，其重量和体积比较大，加之开采人员综合素质水平比较低，会在一定程度上影响提升设备的运行。然而，自动化集中控制技术在煤矿开采工作中被广泛应用后，不仅提升了设备的准确度、精确度，而且还可以提高提升机设备应用的安全性、稳固性，有效提高了提升设备的运行效率。

在进行煤矿开采过程中，自动化集中控制技术的应用，还可以更好地满足经济社会对煤矿资源的基本需求，进而满足人们的工作和生活要求。此外，在煤矿开采阶段，由于各方面因素的影响，也会增加安全事故的发生率，此时同样可以借助自动化集中控制技术完善自身的检查功能，以便及时发现机电设备运行各个环节中可能出现的安全故障，并对其诱发因素进行分析，使维修工作人员可以在短时间内给予有效处理，从而确保机电设备的安全、高效运行，进一步提高煤矿开采的效率。

综上所述，在进行煤矿开采过程中，集中控制技术在机电设备自动化中得到广泛应用，尤其是在矿井监督和控制方面、煤矿运输方面、煤矿开采工作方面发挥着至关重要的作用，其既可以提高煤矿生产效率，而且还可以确保煤矿开采工作有条不紊地进行。同时，集中控制技术的应用，还可以及时发现机电设备中存在的安全隐患，并采取有效措施给予解决，进而提高煤矿企业的经济效益。

第四节　建筑电气设备自动化节能技术

伴随工业与电气自动化行业的快速发展，建筑电气系统逐步向自动化、智能化方向发展，尤其是在电气设备节能方面，自动化应用系统越加完善。为此，必须重视建筑电气设备自动化节能技术研究，加大研究力度，提升控制水平。

近年来，伴随城市化进程的不断加快，建筑市场竞争日益激烈，建筑节能问题已成为人们关注的热点话题。建筑能耗在总能耗中占比较大，可达到 34%，且呈不断增长趋势。随着科学技术的不断进步，各类新型建筑如雨后春笋般不断涌现，建设节能型建筑已成为当今及未来建筑行业发展的“新型经济增长点”，通过投入大量建筑物智能化设备，可大幅降低建筑物能耗，而电气设备自动化技术的应用，不仅能够达到智能、自动控制楼宇电气设备的目的，还能有效节约能源，这一直是建筑行业研究的重点。在建筑工程中使用先进的节能技术和材料，设计绿色节能建筑，实现在提高建筑工程节能环保的同时提高建筑企业的经济效益。

一、建筑电气设备自动化节能控制策略

（一）建筑中央空调系统节能

21 世纪以来，在中央空调系统节能控制方面我国也取得了不错的成绩，中央空调变频调速节能控制系统、中央空调变流量节能控制系统逐渐被大量使用。在此前提下，在集散型中央空调系统内合理运用 PLC、变频技术，并与计算机智能控制方案结合，定流量系统已被变流量系统所替代。为此，根据负载情况，中央空调各运行泵组的运行状态可实时进行监测，这也是中央空调系统节能控制的根本。

在大型建筑中，中央空调系统是不可或缺的一部分，同样也是智能建筑最关键的设备。通过中央空调系统，可以提供更舒适的内部环境，但也会大幅增加建筑物的运营成本，且会消耗大量资源、能源，导致区域能源供需平衡矛盾增大。作为现代建筑物的能耗大户，中央空调能耗已占建筑总能耗的 40% ~ 60%，且呈不断增长的趋势。

1. 控制、协调空调主机启 / 停时间与热度

将算数模式设于电脑，可预先连续检测室内热量，并实时监测室内外的环境温度，

在一个最理想状态计算设备启 / 停间隔时间。通过这种方法，可最大限度降低冷却塔风机等设备的工作时间。此外，还能调节风机设备的送风量或控制冷却水、冷冻水的流量变化情况。

2. 控制水泵变频、变流量

按照建筑物设计的最大热负荷由中央空调系统选择冷冻水泵、冷却水泵的容量，保证型号配置合理。系统运行中，相比设计值，空调热负荷相对较小，究其原因在于用户需求不同、自然因素影响等。在中央空调能耗总量中，水泵工作消耗电量较多，可达到 20% ~ 35%，若在低负载情况下降低水系统输送的能量，可实现节能效果。此外，变频器的设置，还可灵活地调节水泵转速及水流量。

（二）照明控制系统节能

照明节能作为一项国家战略，十分重要。随着计算机技术的发展，促进了计算机通信，开始慢慢应用开放式网络，让控制区域内部的所有系统都可实现通信与联动。同时，人们只要在现场以及控制室借助计算机便可实现照明控制。总的来说，照明节能具有安全、经济和便捷的显著优势。

1. 提高节能灯具的利用率

在整体布局中，优先选择更多的节能设备，既可以达到光照需求，又可以降低能源损耗。根据建筑物自身的特点，以及具体实际应用的情况，对用户光源需求进行分析，结合灯具数量，进行整体布局。对节能灯具的利用给予高度重视，不要认为节能灯具的节能效果有限，可以选择高效率的节能灯具，结合室内的实际情况，设计灯具的分布与使用，减少灯具成本费用，降低电能损耗。在人们对光源没有需求时，可以将灯具进行关闭，延长灯具的使用寿命，扩大灯具的使用范围，为国家节能减排工作贡献力量。

2. 合理利用光源

在利用光源时，应充分考虑到人们的需求与光源的具体情况，还应考虑实际利用情况。比如直管荧光灯光源，则应该充分考虑到建筑的光效要求。但在满足人们光照需求，条件允许的情况下，最大限度地利用天然光源，以降低照明设备用电。还可以与建筑行业合作，优化室内的照明情况，比如窗户的设计，最大限度地将室外天然光源引入室内。或者间接利用天然光源，采用散光或传光等手段将天然光源送至需要的场所，属于间接采光。

3. 将信息化技术与照明控制结合

在优化电器照明节能设计时，可以与当前的信息化技术相结合，比如设置智能照明控制系统。在当前建筑系统中，智能照明控制系统的应用已经比较广泛了。通过智能照明控制系统，对照明设备进行实时监控，有效地减少照明设备的浪费，提高能源的利用率，还能保障照明设备的运行质量，延长照明设备的使用寿命，降低平常养护成本，完全符合我国节能减排的概念。但如果需要照明设备连续工作，应用智能照明控制系统，可以保证照明设备的正常稳定运行，使节能灯具一直处于最佳运行状态。另外，智能照明设备中一般配有亮度传感器，可以根据设定的光照需求自主调节光照强度，提升节能设备的节能效果。用科技来代替人力，降低了工作人员的工作量，从另一方面来说，又促进了人力资源的合理配置，提高了人力资源的利用率。

4. 选择优质材料

优化建筑电气照明节能设计，在保证质量的前提下，选择性价比高的材料。选择优质材料不仅可以提高能源利用率，降低能源损耗，还可以延长照明节能设备的使用寿命，充分发挥照明节能设备的功能。比如变压器、电线短路等不良现象，对变压器造成了不同程度的损耗，选择优质变压器，提高变压器的抗损耗能力，促进能源的节约。

总之，建筑设备电气自动化系统是人们利用现代先进的科学技术对建筑设备进行控制管理而研发的一套系统。目前，我国现代城市化发展的进程加快，一定程度上致使建筑对电能的需求量也在不断扩大，电气系统已成为城市建设必不可少的应用，电气系统自动化有助于建筑设备在管理和控制中充分提高设备的工作效率，增加可靠性，进而为用户提供更加舒适的居住体验。但是在建筑耗能的问题中，与我国建立节约型社会的理念相悖，所以通过积极运用科学的节能技术有助于实现建筑的绿色、环保。所以对建筑电气自动化系统的节能控制进行探讨很有意义。

第五节　建筑机械设备自动化现状和关键技术

随着我国经济的快速发展，建筑行业发展迅速，人们对建筑施工越来越重视，所以在建筑施工过程中，施工应保证建筑具有安全高效、优质、省力和舒适的特点，建筑工程中机械设备是必不可少的，过去的建筑机械是手工操作，使得工人的劳动强度增加，从而降低生产效率。本节对建筑机械自动化的现状与关键技术进行研究与分析。

一、建筑机械自动化技术的应用现状

我国的建筑机械自动化技术起步比较晚，但是改革开放以后，城市化进程速度加快，建筑机械自动化技术广泛地应用于建筑施工中，但是现在我国的建筑机械这边品种少、缺点多、维修费用高等，使得我国建筑机械自动化无法顺利进行，所以通过机械自动化技术发展来促进建筑行业发展是十分必要的，建筑机械自动化分为工作设备自动化和整机主动操控及机群施工体系操控，工作设备自动化主要用于沥青混凝土摊

铺机熨甲板的主动找平操控体系等，而整机主动操控及机群施工体系操控用于混凝土喷射机器人、高层大楼全主动施工体系等。

（一）自动化压路机

压路机是水库大坝的混凝土浇筑施工中所用的主要设备，当前其自动化技术方面已经引入了检测装置、数据处理装置、远程通信装置和中央控制系统等功能模块，可以实现作业过程中以预设的地面基准点为依据，采用光波距离测算仪和机载自动跟踪仪进行工作位置的测定，然后将测得的位置数据通过通信模块传输到中央控制系统，该系统可将设备位置信号转换为设备控制指令，以无线通信的形式调整和校准设备，从而精准地完成一系列大规模的压实作业。

（二）推土机、挖掘机作业的自动化

推土机、挖掘机等建筑土方施工机械的自动化改造会很大程度上提升施工质量和效率。最早在推土机的铲刀和挖掘机的铲斗上使用的自动化控制装置是1976年研制的以开关系统为基准的反馈控制系统，该系统由投光器、感光器和控制系统构成，由于装置本身存在的速度响应问题，最终未能投入实际应用；但随后由日本学者北郁夫研究开发的KOMATSU Laser leveling sustem实现了在推土机作业中车速为5km/h时，施工平整度误差保持在3cm以内，因此获得了良好的效果。

二、建筑机械自动化技术的关键技术分析

（一）机身位置的识别技术

施工中机身的位置识别技术十分重要，通过这项技术建筑机械可以准确地识别自身所在的位置，以保证各项施工的顺利进行，对于机身识别方式有两种：一种是内部位置识别，这种识别方式速度传感器配合回转式角传感器，对数据进行检测，然后有计算机中心接收检测数据，根据数据的变化判断机身的位置。还有一种是外部位置的识别，以施工现场预先设定的位置为基础，判断机身位置依赖建筑机械设备完成。

（二）作业对象的识别和评价技术

建筑机械工作时，识别作业对象技术实现自动化，保证施工的顺利进行。判断与决策机械作业方式时，主要依赖作业对象识别与评价技术，在作业对象识别与评价技术的作用下，将相关的信息反馈到计算机中心，然后对施工对象能力进行评判，以保证各项施工的顺利进行。

（三）安全保障的机能

在建筑施工过程中会使用到各种类型的施工设备，加上大量的工作用具和建筑用材等障碍物也会存在，这无疑增加了建筑设备施工运转的困难。要想保证运转中的设

备不会互相干扰且可以保证高效和谐的运转的话，就只有引进一套集报警、辨认、中止工作和安全域断定的诱导操控机能了。

（四）机群协作的操控技能

建筑机械设备要在联合工作的现场实现主动化的话，就必须对各个工作设备的具体情况进行实时的监测，然后反应给中央操控室，中央操控室核算后就会拟定出最优化的分配形式，构成工作指令后传送到运送车辆或各个设备，运送车辆或机械设备在接收到工作指令后可以根据指令来工作的全过程、全方位的操控体统。

三、我国建筑机械自动化发展的方向

（一）重视国外先进机械自动化技术的引进和利用

国外建筑机械自动化技术水平高于我国，在新的时期，特别是随着经济全球化的进行，市场竞争会更激烈，这便要求我国必须重视加大研发的力度，并根据实际需要进行创新。

（二）施工规模巨型化的建筑设备自动化

随着社会经济的发展，建筑物也呈现出高和大的特点，这也给施工带来一定的困难，施工规模也在不断扩大。比如大型水利工程、超长隧道、超深的地下工程以及大跨度桥梁施工规模便比较大。想要提高施工的自动化水平和施工速度，需要建筑机械综合集成自动化的实现。此外，还应该采取措施提高机械的通用性和生产率，随着规格的不断增加，生产率也会有明显提高，作业时间也会缩短。比如微型挖掘机，能够满足用户多方面的需求，在狭窄的位置中，生产效率比较高。

（三）建筑机械自动化过程中必须重视安全和绿色

随着城市化建设的进行，建筑行业有了较快的进步，但是建筑机械设备比较落后，和物质文明发展不匹配。建筑工程建设过程中，破坏了城市原有景观，甚至出现了一些不必要的建筑安全事故，导致财产损失和人员伤亡的出现。这便要求在建筑机械自动化发展过程中，必须重视安全，切实做到以人为本，重视操作者的安全和利益。此外，在建筑工程建设中，还应该重视绿色环保，保护周围的景观，避免出现不必要的安全事故，维护和保障人们的生命安全。

（四）改善司机劳动的环境

建筑机械自动化的一个重要方向便是改善司机劳动环境。在自动化机械设备中应该用宽敞舒适的大玻璃司机室代替以往狭小的司机室，让司机工作时更加舒适。提高司机室的隔音效果，使用低噪声的发动机，这样司机工作过程中受到的影响会比较小，对司机的身心健康非常重要。所以在建筑机械自动化发展过程中需要重视改善司机劳动环境。

四、我国建筑机械自动化的未来发展分析

面向施工规模巨型背景下的建筑机械自动化情况，建筑物的大、超高、重使得建筑机械越来越大，如超深地下工程、超长隧道、大型水利工程、大跨度桥梁等。建筑工程的高级化主要展现是：高级公路、高速列车、高级精美的建筑物等。这就导致建筑机械逐渐向集成自动化发展。为了让机械能够发挥更多功能、完成更多生产，不仅要提高机器规格，更要研发动力，将作业时间缩短。国外已经有微型挖掘机被发明出来并投入使用。微型挖掘机比正常挖掘机在狭窄的区域更能高效运作，而在占地面积上也有优势。建筑机械自动化必须以人为本，保证建筑机械的操作让施工各方都能满意。

建筑机械设备自动化技术应以减少资源浪费为前提，提倡建筑行业使用建筑机械设备自动化技术，促进建筑行业健康发展，对建筑机械设备自动化技术的应用，需要提供相应的资金作为保障，推动建筑机械自动化技术的创新，促进建筑行业的生产效率，使得机械设备自动化发挥出其作用。

第六节　智能建筑设备电气自动化系统设计

近些年，我国科技水平发展十分迅速，电气自动化被广泛应用在智能建筑中。建筑行业的人员必须高度重视建筑设备电气自动化系统的设计质量，在此基础上，不断对智能建筑设备电气自动化系统的技术要点进行不断创新，以保证建筑物的使用安全，打造让人们安心的新时代建筑。基于此，本节将从智能建筑设备电气自动化系统的功能着手，对其各项设计要点展开介绍。

当前社会经济快速发展，人们逐渐重视居住和办公环境，也对其提出了更高的要求，而这一点对促进智能化建筑工程的发展有极大意义，相应确保建筑电气自动化设计工作的有效开展，就应注重电气自动化系统的设计和实现，只有如此才能为满足人们的各项要求提供保障，为建筑领域的自动化和智能化发展提供坚实保障。

一、建筑设备电气自动化系统概述

针对建筑设备电气自动化系统而言，所涉及的控制对象主要包括空调监控、照明和动力监控、变配电监控、给排水监控等一系列相关内容，这些系统都是建筑中必不可少的系统。在建筑设备电气自动化系统设计中，针对各个系统都要配备相对应的具

备高处理能力的控制器，对其运行情况进行有效控制。在实际的控制过程中，有针对性地管理和约束建筑系统的各项功能，这样可以使整体建筑的管理水平得到显著提升。与此同时，利用实时监控系统，可以及时有效地解决相关设备故障，使故障的危害程度得到充分的降低，并呈现出节能环保的效果。针对建筑设备电气自动化系统的工作原理而言，主要是针对现有的数据信息进行分析之后，通过智能化的设备有针对性地做出分类处理和判断，以此为科学合理地解决故障提供参考依据。在智能建筑的运行过程中，建筑设备电气自动化系统是其核心，对于建筑系统而言，有效利用计算机网络技术可以展开统一化、标准化的控制和管理，这样可以使整体建筑的日常管理效率得到显著增强。

其他（宣传力度、设施）：针对部分电能替代技术例如制茶、制烟和农业排灌等，在不发达地区有依然使用秸秆、木材或者煤炭作为燃料的情况，除效率低不易控制外，工作环境也能较大改善。

二、智能建筑设备电气自动化系统功能

作为智能建筑设备电气自动化系统，必须具备以下几种功能，一是自动化控制设备，二是数据监测，三是事故处理，四是实现机电设备的统一管理。首先，智能建筑电气设备自动化系统要能够自动完成机电设备的开启、运行和关闭控制，并实时显示各设备的运行状态，以便工作人员能够随时了解设备状况；其次，智能建筑设备电气自动化系统要具备实时显示设备运行参数变化的功能，并将所获取的数据信息进行存储，从而为工作人员提供重要的参考依据；再次，智能建筑设备电气自动化系统还要具备事故处理功能，当设备发生故障时，要能够自动进行检测、判断，并启动相应的处理方案，从而确保设备的稳定、安全运行；最后，智能建筑电气设备自动化系统还要实现对机电设备的统一管理，从而促进各设备工作、消耗和维修的规范化协调发展。

三、智能建筑设备电气自动化系统设计

（一）电气自动化技术在监控系统中的应用

由于软件进行分类时按照图像的光谱特征进行聚类分析，并且分类具有一定的盲目性，因此，对分类后的图像进行后处理。首先进行聚类统计，由于制度表达受精度的限制，对于分类结果中较小的图斑有必要进行剔除，然后进行重新编码，最后得到分类类别明确和图面比较完整的分类图像。由于后处理前的分类图像存在某一土壤类的图斑太小而被剔除，因此最终输出的结果为 34 类土壤亚类。使用验证样本，以混淆矩阵分析方法计算总分类精度 R 和一致性指数 Kappa。结果总体分类精度达到 74%，整体 Kappa 统计值为 0.728。

（二）通信自动化

说起智能建筑的信息通信系统，具体功能的实现主要是通过电话公网以及数据网等互联互通来进行的。其中涉及的安全便捷的信息通信服务和各类数据信息的等呈现都是借助这样一种信息通信系统来达成的，因而此系统的性能应确保达到最佳状态，而其中涉及的各个子系统也应实时予以优化。诸如固定电话通信系统和声讯服务通信系统以及无线通信系统等，都应处于精准高效的状态，这样用户所需的各项服务也就能较为顺畅地予以实施和推进。

在现代化的智能建筑电气系统中，自身已经具有了比较多的功能，监控工作的能力也在大幅度提升，其主要的功能作用就在于通过摄像头采集相关的数据信息，采取视频方式捕捉好一系列的人像，从而减少了传统监控工作方面比较巨大的人力和物力资源的投入，将成本进行了一定程度的控制。在监控范围上，利用电气自动化技术也可以进行大量的提升，在细节化的处理方面工作能力更强，也可以在细节控制的过程中不断提升安全防范的意识和能力。

（三）门禁系统电气自动化

对于现代化智能建筑的建设过程中，门禁系统是其中必不可少的一部分，也是利用了电气自动化技术的结果。无论在小区还是在办公场所中都可以用到门禁系统的使用，在其中利用了自动化的技术原理，同时利用门禁卡的识别进行信息对比工作，从而触发门禁系统。在此系统的使用过程中整体工作效率大大提升，也将原本人为管理的准确率大大提升，将事故发生率得到了有效的控制。门禁系统的主要工作职责是将非本小区或者本单位的人员进行安全隔离，减少外来人员的进入，保证区域内的安全问题。通过电气自动化技术控制的门禁系统，夜间无须专门的工作人员值班，也不需要专人进行数据的整理和分析，自动化系统可以直接进行数据的处理和分析，具有高效性的工作特点。

（四）重视给排水系统的合理设计

对于建筑工程中给排水系统设计，应借助水泵设备、传感器设备共同参与到工作中。对于给水系统的设计，其方式包括运用水泵设备来直接实现给水要求、运用高位水箱来完成给水要求、借助气压罐满足给水要求。但对于建筑室内的排水系统，其设计一般会借助重力来完成水流加压的排放。在实际设计中，会通过将传感器安装到水泵适宜的位置，而后对排水系统具体排水的参数等进行监控，也可以运用监控水压来实现对水泵操作运行进行控制的要求。通过运用传感器来检测排水情况、最低报警水位和启泵液位，能够实现智能化排水管理，这对建筑工程的有效开展有极大帮助。

总而言之，在智能建筑设备电气自动化系统设计的过程中，要综合考虑多方面的因素，一方面要明确各个子系统的功能，通过先进的技术确保系统的稳定、安全，另一方面还要考虑到电气自动化系统的运行成本，在设计过程中做好节能环保工作。应用智能建筑设备电气自动化系统能够有效提高建筑环境的舒适度，提升建筑设备的管理效率，具有非常广阔的发展前景。

第六章　电气控制自动化技术

第一节　电气自动化控制系统的应用及发展

通过研究调查发现，国家的发达程度往往与该国家的生产自动化程度有着密切的关系。以我国为例，我国生产自动化水平在新中国成立初期处于较低的水平，因此生产效率与产品质量都难以与国外企业抗衡。但是随着我国科研人员的不断努力，目前我国很多企业都已经实现了生产工艺自动化，无论是在农业、工业还是军工、航空航天领域，自动化生产工艺的应用都在很大程度上提高了我国的工业生产水平，保障了产品的质量，我国的总体国力也得到了有效提升。在未来的一段时间里，我国电气自动化技术以及控制系统技术将往何种方向发展，是值得我们探讨的。

一、不同行业中电气自动化控制系统技术的体现

（一）在传统机床中的应用现状

在机械制造行业中，提高机床的生产效率能够有效提高生产效益。继电器控制系统是传统机床的主要控制设备，但是通过生产实际发现，这种控制设备极易发生线路老化等问题，进而导致设备灵敏度下降，难以对机床进行有效的控制。技术人员通过对传统机床的继电器控制系统进行改造，将控制系统改造为以 PLC 为主的电气自动化控制系统，从而避免了电路老化导致的生产问题，并且能够实现对机床的实时监控，对及时发现机床故障起到了重要的作用，并间接提高了机床的生产效率。

（二）在火电系统中的应用现状

在我国能源结构中，火力发电仍然是主要的电力来源，并且火电厂除了能够供应电力以外，还能为其他企业供应蒸汽、热水，对我国工业发展仍然有着重要的意义。火电厂中很多设备处于高温环境中，很难实现人工控制，另外火电厂设备复杂，传统的方法很难实现多设备同时控制，并且也缺乏有效的监控，因此当出现故障的时候，技术人员不得不对设备进行逐个排查，确定故障位置与故障原因。在火电系统中引入

电气自动化控制系统，则能够实现水循环系统、除灰除渣系统的统一控制或顺序控制，PLC 技术的应用，更是大大减少了工作量。很多高温环境中的设备也能实现远程的控制与监控，并让技术人员能够第一时间发现系统中存在的异常，降低了火电系统的操作风险以及工作量。

（三）在农业、水利行业中的应用

我国国土广袤，但是能够作为农田的土地却十分有限。由于我国人口众多，因此我国需要大力发展农业以保证群众的温饱，水利工程作为提高农业生产水平的重要因素，同样需要技术的更新与换代。在农业、水利行业中推广电气自动化技术，能够将远程控制温室大棚环境因素成为可能，也能实现农作物的自动化灌溉。在水利行业方面，电气自动化控制系统的应用让远程监控水温动态变化趋势成为可能，并能够实现监测设备的远程控制，从而为农业生产提供实时、可靠的水文数据，为农业灌溉提供技术支持。

（四）在混合料生产中的应用

在化工行业、饲料生产行业、建筑粉剂生产行业等，都涉及混合料的生产过程。传统的混合料生产方式依赖于人工拌制，这种方式的生产效率极低，电气自动化控制系统的应用，能够实现从原料配比、进料、拌和和出料等过程的全自动生产。机械化、自动化的混合料生产工艺，一方面降低了人工的投入，提高了生产效率，另外一方面也避免了由于人工拌制和所导致的物料成分不均等问题，进而提升了混合料的生产质量。

（五）在汽车行业中的应用

在汽车生产过程中，技术人员发现很多司机都存在停车的困扰，由于驾驶员驾驶技术限制，很多人都很难快速准确地将车辆停在停车位内，因此一键泊车技术的应用在很大程度上提高了驾驶员的停车效率。一键泊车技术是电气自动化控制技术以及感应技术的融合，由此可见，在汽车行业中电气自动化控制技术的应用也推动了汽车行业的发展。另外，汽车中空调、指示灯、音响等设备的控制也离不开电气自动化控制系统。

二、电气自动化控制系统发展过程中存在的问题

随着电气自动化控制系统应用范围的不断扩大，各行各业的技术人员都根据实际生产情况对电气自动化控制技术进行了调整，该技术在我国得到了长足的发展。但是在实际生产中我们也发现，由于不同行业所掌握的电气自动化技术有限，系统工作环境也有很大差别，所以在电气自动化技术应用过程中仍然存在一定的问题，具体如下。

（一）系统工作环境过于复杂且缺少有效的维护

我国各行业都应用了电气自动化控制系统，但是维护系统的人员多是相应行业的生产人员，很少有专业的电气技术人员对设备进行维护。因此，在实际维护过程中会发现维护人员由于缺少足够的电气自动化知识而无法第一时间发现系统中存在的问题，因此错过了维修系统故障的最佳时间。技术人员也很难制定有效的维护方案，对系统进行有效的检查与维护。

（二）电气自动化控制系统中的精密零部件质量较低

硬件设施是保障系统正产运转的重要因素，但是我国对于精密零件的生产技术仍然相对落后，所以国产电气自动化控制系统往往存在精密零部件质量较差的问题。这一问题的存在直接导致国产电气自动化控制系统的稳定性欠佳，从而影响对生产系统的控制与监视，对正常的生产过程产生不利影响。

（三）电气自动化控制系统引进安装成本较高

目前，由于各方面技术的限制，电气自动化控制系统的生产成本相对较高，因此各个行业在引进该技术的时候往往也需要投入较高的资金，这就给电气自动化控制系统的应用造成了一定的阻碍。并且，不同行业的企业计划采取自动化的生产工艺时，往往需要聘请多个专业的工程师对系统进行设计，因此设计成本也会随之提升。如果不同专业的工程师没有进行有效的沟通与配合，设计出的工艺设备也很难实现高效率的生产，甚至难以达到有效的自动化控制效果。

三、未来电气自动化控制系统的发展方向

（一）开放化发展方向

芯片技术、集成电路技术是目前电气自动化控制系统的核心应用技术，目前这两种技术逐渐向开放化的方向发展，很多芯片及集成电路能够实现更多的功能，从而能够与不同行业的设备进行融合。目前，我国技术人员研制的 ERP 系统几乎能够将所有的电气控制系统联系起来，从而实现数据的集中收集与整理，并且实现生产设备一站式控制的效果。可见，这种开放式技术将成为未来电气自动化控制系统的发展方向一。

（二）市场化发展方向

适合市场实际情况的技术与产品才能被市场认可，所以未来电气自动化控制系统技术将通过研发等方式生产出性价比更高的控制设备，从而减少企业引进该技术的成本。同时，提高系统设备的可融合性、可改造性、可维护性也将成为电气自动化控制系统迎合市场的实际需求。

（三）智能化发展方向

在各行各业中，都将智能化作为技术的主要发展方向之一，电气自动化控制系统也不例外。智能化是在自动化的基础上提出的技术概念，通过电气自动化控制系统中的智能化感应设备，控制系统感应故障的能力能够得到有效提升，从而进一步提升系统的整体性能。

（四）统一化的发展方向

目前，我国不同厂家生产的电气自动化控制系统的接口、软件的种类很多，并没有进行统一，一旦系统出现故障，很难找到适合的替换元件，从而导致设备无法正常运行。因此，统一电气自动化控制系统设计方法以及必要元件的规格对发展该技术有着重要的意义，这也将成为该技术未来主要的发展方向。

随着电气自动化控制系统应用范围的不断扩大，我们也发现了很多实际上的问题。所以，在未来的技术创新过程中，我们更应该基于技术的应用现状，发现技术应用问题的根源，提出有效的解决方法，并明确未来的技术发展方向，为促进电气自动化控制系统技术的发展提供新的思路。

第二节　电气自动化仪表与自动化控制技术

本节将阐述电气自动化仪表与自动化控制技术的含义，分析电气自动化仪表的主要功能，研究电气自动化控制系统的组成，希望促进电气自动化技术的发展。

一、电气自动化仪表与自动化控制技术的含义

电气自动化仪表和自动化控制技术就是自动化的结果，自动化的操作平台对其进行数据和信息的采集、处理、整合等一系列工作，对各个领域的工作运行情况进行检查、分析，为其工作提供详细的科学数据分析参考和支撑，节约了人力、物力和资金的大量投入。

自动化的数据分析是信息收集过程中的一个重要的步骤，对工业这个行业的发展和运行有着十分重要的作用，信息的高效率分类为信息形成了一个完整的自动化体系。自动化的信息整合也极大地提高了工作效率，还方便了工人对数据的快速查找以及对方案进行科学的制定。

二、电气自动化仪表的主要功能

（一）智能化检测和智能监控的功能

电气自动化现在在许多行业中都得到了广泛的应用。目前，电气也有了自动化系统，在工程建设中广受人们的欢迎。在工业行业工人施工的时候，能够使用电气自动化的检测功能去检测工人施工环境的数据指数，并且能随时监控其一步一步地运用和发展。通常情况下，运用电气自动化仪表传感器的智能检测功能后，其项目的检测数据不仅会在自动化仪表上显示，还能在电脑屏幕上显示，进一步方便了人们有效、仔细地观察。

在电气领域自动化系统除了智能化检测功能外，智能监控的效果也是非常显著的。现在的监控系统越来越高级，电气领域自动化系统的监控功能也不例外，它紧紧地跟上了时代发展的脚步，一步一步升级并完善自己。

（二）数据的自动化整合功能

电气自动化仪表的自动化系统能对信息数据进行自动分析和整合。系统自动化的整合能有效提高数据信息的准确性，进而能够更加清晰地了解机器的使用情况，极大地避免了人工手动整合所出现的失误和一些细节上的错误。电气仪表的自动化在很大程度上提高了数据的准确性，减轻了工人的工作量和负担，极大地提高了工作效率。

（三）测量和自动化保护功能

电气的信号灯和指示灯代表了电气设备系统的运行状态，根据电气自动化仪表显示的参数来判断电气设备是否在正常运行。以前，相关的工作人员在电子设备进行工作时，会用专门的仪表对其参数进行测量分析，分别是 P、I、U 三个方面的参数分析。但是现在，已经不需要专门的工作人员去对数据参数进行人工分析了，电气自动化仪表就能成功地完成这些数据参数的测量和分析。

电气系统的自动组成部分和高压开关的重点功能分别是合、分闸，此功能主要是能在电气系统发生故障时，它能自动切断电源，以此来对电子设备和系统进行保护，将危险及时地控制在最小范围内，极有力地避免了大型事故的发生，减少了经济等方面的损失。

三、电气自动化控制系统的组成

（一）对 PLC 模板的控制

PLC 模板的运行对电气自动化的控制系统有着重要的作用，如果 PLC 模板的运行错误将会对整个电气系统造成很大的影响。所以 PLC 模板的严格要求具体体现在对元件的选择上，每一个元件的选择都要具备系统的屏蔽功能，而且不同的元件要有其单独的屏蔽功能。PLC 模板的加工与生产也要严格按照生产标准，使其符合生产要求，具有稳定的状态。生产完之后还要有专业人员对其进行严格的检查，以确保各项指标都符合其生产标准。

（二）中央系统的控制

中央控制系统同它的名字听起来一样重要。中央控制系统主要是由微型处理器控制的，然后和信息系统相结合，最后将其运用于电气自动化控制系统。如果电气设备发生故障，中央控制系统能第一时间发出危险指令以此提醒工作人员，这样就可以及时对故障的电气设备进行维修。

（三）通信模块

通信模块主要是对数据信息进行采集、管理和储存，并将其发送到计算机系统上，进而实现电气自动化对整体的控制。通信模板主要是通过网络这个平台向电气信息进行数据的传输和发送，它的载体是光纤技术，并通过通信技术将错误的数据发送到电气自动化仪表上，以便于工作人员及时发现电气设备的故障，从而进行修理。通信模板不仅实现了信息的共享，而且对电气和仪表的信息传输也更加高效率和精准。

四、对电气自动化控制技术的分析

（一）电气自动化控制的设计理念

电气自动化控制主要是由多个处理器改成了一个处理器对整个系统和设备进行管理。其优点是减少了处理器的数量，方便了对处理器的控制和操作，有优点的同时也存在着缺点，因为所有的工作都集中在一个处理器上，就像一个集体的工作，团体内所有的成员都把各自的工作分给了其中一个成员，这个时候的处理器就和那个成员一样担起所有的任务。繁重的工作量会使其超负额运行，因此会导致处理器的压力较大，容易发生故障，而且会使工作速度变慢，效率降低。

（二）对系统运行中的探析

电气自动化系统接收到由计算机网络发出的数据信息后，先对这些数据信息进行一下处理，然后在其相对应的储存设备中进行保存。同时，电气自动化系统的服务器会把保存的数据发送到与其相关的服务站，然后在通过进一步的处理之后，将这些数据信息上传到网络，以供大家浏览参考。

（三）对电气自动化控制技术的前景分析

电气相关企业要重视对调节器的智能发展。在我国科技发展水平如此迅速的情况下，人们对电气设备的使用上也提出了更多的要求，电气自动化这个领域上的主力军调节器就要首当其冲地完善自己，对其功能进行不断的改善和创新。电气自动化的相关企业要认识到自己的不足，然后去改善，以免被后起之秀碾压，进而消失在这个行业领域内。

要对电气自动化控制技术的传感技术进行完善。随着电气自动化仪表规模的缩小和相关功能的完善，电气企业要对其中的传感技术进行改善。不同类型的电气企业有着不同的仪表规模，所以对传感技术的完善应该根据自己企业的电气自动化仪表规模，使其改进的同时要完全符合生产标准和相对应的电气需求，只有这样才能保证整个电气系统的安全。对传感器的调节和完善也能够使电气自动化仪表更加精密，跟得上时代和科技的发展，从而能长久地存在电气自动化的领域中，不会被时代的浪花拍死在沙滩上。

电气自动化仪表在发展过程中要能够发现并有效避免风险，其控制系统和测量功能要精准，不能出现任何差误，还要加强对调节器和传感技术的完善。不同模板之间要加强控制，加强对不同元件之间的联系，这样才能不断地改进并完善电气系统，使其技术得到相应的提高。

第三节　电气自动化控制安全性能分析

高科技技术的不断研发使得我国各领域的自动化水平都得到了很大提升，其中电气自动化设备发挥了至关重要的作用，通过使用电气自动化设备，各项生产经营活动的效率和质量都得到了有效改善，但是由于各种因素的影响，电气自动化设备使用过程中也会发生一些运行故障，对人们和企业的生命财产安全造成了严重威胁。为此，各行业工作人员在使用电气自动化控制设备的时候，就要采取科学有效的措施进行安全事故预防，同时，电气自动化设备设计人员也要提高设计水平，确保设备本身性能的安全质量。本节就电气自动化控制安全性能的相关内容展开详细阐述。

在当前经济条件下，人工劳动成本越来越高，为了缓解这种现象，更多的企业开始倾向于选择使用电气自动化设备进行企业运营管理和生产运作。实践证明，电气自动化设备的应用也确实有效提升了企业的管理质量和生产效率，产品品质也得到了可靠保障，为企业赢得了更多的经济效益。如此电气自动化控制设备的需求量就越来越大，功能要求也越来越复杂，同时也对自动化设备本身的安全性以及设备使用人员的专业性提出了更高的要求。

一、保障电气自动化控制设备安全性的重要意义

与传统人工劳动模式相比，电气自动化控制设备的突出优势主要表现在两点，一是经济高效，二是安全可靠。其中最重要的就是设备的安全性，只有电气设备的运行安全得到可靠保障，才能最大限度减少其运行使用过程中出现故障的频次，从而保证生产进度的顺利进行，降低设备检修成本，为企业节约更多的资源。另外，随着国民经济水平的提高，人们越来越重视产品的安全性，只有电气自动化设备的安全性得到了保障，才能产出更加高质量高品质的产品，满足人们对高品质产品的需求，从而增强企业的市场竞争能力，为其创造更多的价值。由此可见，保障电气自动化控制设备的安全性对企业发展起着重要作用。

二、电气自动化控制设备的安全性现状

电气自动化控制设备是由许多零部件组成的，各元件的质量对电气设备的整体安全性起着关键性影响，所以要想保证电气自动化控制设备的安全性能，首先就要保证其组成期间的安全性。但是随着社会和经济的发展，同行业竞争形势越来越激烈，电气自动化设备元件的零售商家也越来越多，由于商家的进货渠道不同等多种原因，各家销售的电气自动化设备零部件质量会存在较大差异，使用在电气设备当中之后会直接影响设备的安全（转下页）性能。所以各单位在采购电气自动化控制设备及其元件时，务必要认真检查其产品质量，条件允许的情况下应当采取专业的检测手段对产品参数进行检验，确保其符合使用要求再投入使用。

三、影响电气自动化控制设备安全性能的因素分析

（一）元器件质量的影响

在激烈的市场竞争环境下，电气自动化控制设备的元器件销售商家越来越多，而我国相关管理部目前还没有对这些元器件质量形成统一的管理标准，致使当前电气自动化控制设备的元器件市场相对混乱，不同商家的产品质量存在较大差异。比如，某些商家对电气设备元器件的安全性能重视程度不足，会为了获取更多的经济利益而选择质量不过关的、低价的产品，然后销售给电气自动化设备使用单位，严重降低电气设备的使用安全性，严重时会给生产企业造成巨大的经济损失。

（二）电磁波的影响

组成电气自动化控制设备的主要元件基本上都是金属和电子类期间，这些材料在设备运行过程中，很容易受到电磁波影响而使作用效果发生偏差，影响电气自动化控

制设备的安全性，缩短其使用寿命。在实际工作环境当中，通常是难以避免电磁波的存在的，甚至在某些特定场景当中，电磁波的强度会比较大，播源护比较多，这样就会使电气自动化控制设备的运行安全性受到很大影响，所以电气自动化设备使用单位应当尽量选择品质过关的设备，以保证其运行过程中有足够的抗干扰能力，提高企业的设备利用率。

（三）气候环境的影响

为了使电气设备具有良好的自动化运行功能，设计人员通常会选用精密度较高的器材作为设备制造材料，而且设备内部的零部件也会使用大量的高灵敏度器材。这些高精度、高灵敏度器件在不同的温湿度或气压环境下，其作用能力是不同的，有些设备甚至会因为所处环境条件的变化而诱发严重的设备故障或者直接发生设备瘫痪现象，进而降低电气自动化设备的安全性，给企业生产运营工作带来极大的不利。

（四）机械作用力对设备造成的破坏

电气自动规划控制设备在使用过程中如果遇到高强度机械作用力的话，也会遭到严重损坏，降低设备的安全性能，给设备使用人员和使用单位造成不可挽回的损失，相关电气设备使用单位应当对此引起足够重视，积极采取有效措施对有害机械作用力加以管控。

（五）工作人员专业性水平的影响

虽然电气自动化设备具有很高的智能化水平，但是某些系统操作和程序设定仍然需要人工进行管理，同时也需要有技术人员对其进行必要的日常维护，所以工作人员对设备的了解程度和操作的专业程度也会在一定程度上影响电气自动化设备的安全性，尤其是就维修操作而言，如果维修人员缺乏专业的维修水准，在进行设备故障检修和拆装过程中发生失误或偏差，更会加剧设备的损耗，引起严重的安全事故。

四、有效提高电气自动化控制设备安全性能的措施

大量实践经验证明，要获得高质量、高效率的自动化生产作业效果，首先要做到的就是提高电气自动化控制设备的安全性能，降低设备运行过程中发生故障的概率，从而保证生产作业任务的顺利进行。这就需要电气自动化控制设备设计人员和设备使用人员共同努力，从多方面入手确保自动化设备的安全性。

（一）优化安全设计

想要提高电气自动化控制设备的安全性能，首先要做的就是从源头做起，在设备的设计阶段，就要加大设备设计优化力度，在设计过程中要严格遵循国家颁布的相关设计规范，设计工作要始终以科学理念为设计指导，在对设备构件选取的过程中，设

计人员一定要做到严格仔细，要确保选取的设备构件可以满足设备的设计要求，并预留一定的安全系数，以此确保电气自动化控制设备在使用过程中可以安全运行，此外还要提高电气自动化控制设备的使用年限，避免设备经常性地出现维修的情况，有效地避免外部环境对电气自动化控制设备安全性能造成的影响。

（二）严格选择元器件

从电气自动化控制设备的使用方来讲，要确保电气自动化设备的安全性，首先就要从采购环节进行质量把关，选择优质的供货厂家，并对设备的各项参数进行严格的检测，比如设备的型号、功能、保质期等，确保所采购的设备符合国家相关规定的要求，同时还能够满足实际生产需求。另外，在设备运输和组装过程中也要做好安全防护工作，避免因为运输方法不当或者组装失误影响设备的安全性能。

（三）改善控制设备的散热

散热问题一直是电气自动化控制设备使用过程中，较容易造成设备出现安全问题的原因。目前使用的大多数电气自动化控制设备，都存在着散热方面的问题，这些设备在使用过后往往需要较长的时间才可以对设备进行冷却，这就导致了设备中的热量无法得到及时的排除，在长久的使用过程中，电气自动化控制设备一直处于高温的工作状态，但是电气自动化控制设备并没有耐高温的性能，长此以往，电气自动化控制设备的安全性能就会降低。为了有效地解决散热问题，在电气自动化控制设备的设计以及制造环节，就要对设备的散热问题给予足够的认识，对设备的散热功能进行不断的改善，并积极学习先进的散热技术，敢于把新型的散热技术应用到生产过程中，以此使得电气自动化控制设备可以具有优质的散热性能，进而使得电气自动化控制设备的安全性能得到保障。

（四）对设备操作人员加强培训

想要提高电气自动化控制设备的安全性能仅仅依靠于设备性能的提高是不充分的，相应地对设备操作人员进行培训，才可以全方位地提高电气自动化控制设备在运行过程中的安全性能。

经过以上分析阐述可以发现，电气自动化控制设备的安全性能无论对设备本身的可靠性还是对设备使用单位的利益来说，都有着关键性的影响。在信息化、数字化时代背景下，电气自动化控制设备已经成为各行业运营过程中必不可少的设施，从宏观上来说，电气自动化控制设备的安全性对我国社会和经济的发展都有着至关重要的影响，所以各领域工作人员都要对此引起足够重视。

第四节　嵌入式的远程电气控制自动化系统

我国大多数的工厂在机电设备管理工作中，采用了电气化系统进行管理，大大提高了机电设备的管理质量，但是，管理控制方式使用的依然是传统的分散式管理，该管理方式的弊端在于管理具有一定的局限性，随着电气设备的发展，已经满足不了人们的需求。但是，若是通过局域网建立一个环网进行远程控制设备，使机电设备得到远程操控，当机电设备出现问题时，可在第一时间对其采取处理措施，此控制自动化系统体现了一体化性能，是机电设备理想的控制管理系统。

一、传统的远程控制系统及嵌入式远程监测系统分析

近年来，我国科学技术蓬勃发展，工业自动化有如雨后春笋不断涌现，人们对控制系统提出了更高的要求，工业生产中离不开自动化控制系统，该系统的研发建立在多媒体技术、计算机计算以及网络通信技术之上，是多种技术结合之下所衍生的产物，具有理想的通信功能，将人机有机结合，进行机电设备的控制与管理工作。但是，随着大型工业的发展，过程控制站的规模越来越广泛，功能发生了改变，愈加集中，现场传输信号、检测信号以及控制等，均采用的是模拟信号，已经代替了集中监控、分散控制的方式。迫于大型工业的需求，电气设备研究工作依然在进行中，将有各种类型的电气设备推出，复杂化的电气设备给控制管理工作增大了难度，传统的 DCS 控制方式对其进行管理控制，问题百出，在今天已经不适用，太网的远程集控系统解决了一系列的问题，在工业生产中得到了认可，实现了现场控制，除了部分仪表不能进行有效控制之外，其他的现场仪表完完全全可以进行高级控制，嵌入式的远程电气控制自动化系统将成为未来的发展趋势。

潜入式系统是将计算机技术、控制技术以及通信技术结合起来的一种技术，功能强大，其系统包括了微型操作系统、微电子芯片、设备驱动等，系统软件与硬件之间具有良好的协同性，人们可以根据实际需要，剪裁硬件与软件系统，此系统不但降低了成本，而且可以达到系统对体积、功耗的相关要求。嵌入式系统和传统的系统不同，其采用的是新型的技术，不但体积小、耗能低，更重要的是具有良好的性能，满足人们的需求，嵌入式系统不但在大型工厂机电设备管理中得到使用，在其他领域也得以使用。嵌入式远程电气控制自动化系统从诞生发展到今天，已经走过了 30 多年的发展历程，最初开始该系统只是单片机，发展到 80 年代时，采用了 CPU，系统操作简单单一，进入 90 年代后，嵌入式系统才正式投入使用，发展到今天，嵌入式系统以将计算机等

多种技术相互结合，系统功能更强大，尤其是 Internet 技术的融入，标志着嵌入系统技术迈入了远程控制时代，越来越多的服务器涌出，将其灵活地使用在嵌入式系统中，获取信息更加快捷方便，在科技技术迅速发展的今天，嵌入式的远程电气控制自动化系统在价格上也达到了人们的要求，其将在更多的领域上被人们使用。

二、何实现嵌入式的远程电气控制自动化系统

（一）实现的方式分析

嵌入式的远程电气控制自动化系统，能满足人们对机电设备进行远程控制，在工业中，主要是使用台网远程集控系统实现远程控制，该系统之所以可进行远程控制，主要原因是每一个节点都设置有数字智能设备，智能设备当中均安装有微处理器，微处理器具有校正、采样、线性化以及 A/D 转换等控制功能，每一个功能模块均进行合理的分类，模块的分配结核控制系统的结构特点、控制策略与功能模块库的特点做分配，分配好的模块需要连接，连接的实现采用到的是组态软件，组态软件将其连接之后，便可执行常规控制，将原来在 DCS 站中所进行的控制工程，转移到现场进行分散控制，分散控制更加直观掌握到设备的情况，控制更具有时效性。远程电气自动化控制系统，设计人员在设计过程中，控制变量难度较大，需要对大量的逻辑量进行控制，辅机启动与停止工作，这一系列的过程，有关的设备都根据程序开展相关的动作，对设备进行控制、保护等。除此之外，辅助车间的控制也不可忽视，顺序控制对工程过程进行有效掌控，PLC 技术的使用，使顺序控制工作更独立化。但是，设计人员要注意 PLC 的选型工作，不同的 PLC 会给控制系统造成不同的影响，一般情况下，选择 PLC 时，多是结合县城的通信协议实际情况进行，选择适合的 PLC。嵌入式的电气自动化控制系统在实际控制当中，逻辑量控制、模拟量控制，这两项工作紧密结合在一起，不可将其分开，设备与设备之间相互影响，设备投入与运行过程中，其他设备工作状态的影响对其均造成一定的影响，并且受到整个系统的控制，整个系统的运行状态对其均有控制的能力。

（二）层次结构合计分析

远程控制系统层次结构是整个系统中不可或缺的一部分，此部分设计是实现远程控制系统的关键。系统层次一共分为三层，即远程信息管理层、设备层以及网路层，每一层都具有其功能特点，远程信息管理层是整个系统的核心，对所有的机电设备进行一体化控制，数据集成、底层传输集成为远程信息管理层提供了管控平台，可将集成子系统采用动态模式的方式显示出来，功能健全。例如，对机电运输装备进行有效的管理，使机电设备管理、生产自动化这两项结合在一起。使用时，采用管控一体化对机电设备进行指挥，调度操作系统，机电设备接收到信号之后，按照下达的指令进

行操作，安全性良好，并且在操作的过程中，若是出现故障，可在第一时间里做响应。另外，可将与生产有关的各种信息集成起来，系统所收集到的数据信息，均来自管控服务器，掌握管控服务器信息的情况，具有联动性的特点。为了掌握所有机电设备的运行情况，在现场设置一个监控站、远程管理控制中心设置一个大屏幕，对所有的机电设备进行监控，掌握其运行工况，做出正确的指挥，确保机电设备的安全运行。设备层与网络层相对于远程信息管理层其系统层次结构较为简单，设备层和被控制的机电设备直接联系在一起，可将本地控制获取的信息显示出来，体现了对本地单元设备进行控制与维护，还能进行数据传输，数据传输经过远程信息管理层当中的中央调度室、局域网，两者协同进行数据的传输工作，本地控制、远程控制化为一体进行机电设备的管理工作。而网络成则是使用到了光纤技术，其功能是将各种协议的数据信息全部接入，为现场总线、太网提供一个有效的传输路径，将数据信息进行交换、传输。

（三）系统的开发分析

在进行嵌入式远程电气自动化系统的设计中，软件设计工作占着举足轻重的地位，嵌入式实时操作系统 μClinux 为核心控制系统，可对多项任务做合理的调度工作，并进行科学的管理。实时多任务操作系统应用程序具有实时性，实时性主要表现在对任务进行中断处理，用户使用时，根据实际情况，采用 μClinux 的任务调度函数，调度函数开始工作时将最优先、最高的任务筛选出来，成功筛选之后，将任务与任务之间进行切换。人们对应用软件进行分类，分类的要求是根据任务划分及电气自动化远程集控系统的相关要求，将其划分为三大类，一是测控基本功能实现任务，二是保护功能任务，三是人机互换任务。每一项任务都具有其特点，测控基本功能实现任务是进行数据信息的预处理、测量以及输出等，该任务的可靠性良好，并且任务实时性价高，测量、优先等级都十分理想。而数据预处理的目的是根据实际需要，进行采样数据的筛选工作，遵守的是低通滤波原则。保护功能任务顾名思义就是对设备进行保护，保护任务具有报警的功能，可以在设备出现问题的第一时间接收到警报信息，安排人员进行处理。而人机交互功能是优先级最低的一项功能，显示器显示，键盘做出相应的反应。在嵌入式远程电气自动化控制系统中，实现系统任务，需要两个进程，而且类型不同，一个是网络服务程序，另外一个是本地数据采集程序，两个程序是相互的，本地数据采集程序负责的是外部信号的采集工作，采集到数据之后，数据处理模块对采集到的数据进行处理，处理的方式是数字滤波，完成之后进行数据的保存工作，保存模块进行数据的保存时，需要把公共缓冲区里储存的数据，根据格式要求进行保存，保存部位为 Flash。而键盘模块的功能是为用户提供在现场工作时进行设备的控制，并收集有效参数。而网络服务程序的组成为 CGI 程序与 Web server 程序所构成，嵌入式 Web server 程序，其为后台运行服务，确保后台设备顺利运行，当客户需要帮助发出求助信息时，网络服务程序负责接收客户的求助信息，第一时间反馈。若是用户采用 IE 浏览器，求助信号向本地系统发出时，本地系统此时就会自动启动 CGI 程序，转换请求信号，将其转变成为适合服务器的格式，经过处理之后，CGI 再做处理，转化成适合 Web 浏览器的格式，最终以 HTTP 的方式回馈给客户，顺利完成本地系统与客户端之间的相互操作。

四、嵌入式的远程电气控制自动化系统的未来发展趋势

嵌入式的远程电气控制系统与传统的系统相比，其具有体积小、功能大等特点，在民用、军用等各种领域被广泛使用，现在正慢慢走近人们的家庭、办公室中。日常生活中，家用电器、工业中的数控装置、测量仪表、控制机、现场总线仪表以及商业当中使用到的条形码阅读器等，均涉及了嵌入式软件技术。近年来，随着我国科学技术的快速发展，对嵌入式的远程控制系统进行了深入研究，并取得了新的突破，嵌入式的远程控制系统随着互联网技术的发展，慢慢走向成熟，嵌入式的远程控制系统使用领域也在慢慢扩大，一直以来，人们要掌握到现场设备的信息，必须开通专门的通信路线才可掌握到现场设备的实施情况，现在，嵌入式的远程控制技术，只需要采用网络就可对现场设备进行有效的控制，不受距离的影响，只要有网络就可实现远程控制。嵌入式网路接入技术更方便，更快捷，将会成为未来发展的方向。在信息网络时代的今天，通信技术已经得到普遍，而未来通信技术的普及面将更加广泛，只需要网络就可实现远程控制，掌握现场的实际情况。

我国科学技术发展快速，但是，在对嵌入式实时系统的研究上，与发展国家相比依然存在一定的差距。嵌入式实时系统的研究难度大，开发过程中十分复杂，设计师在研究中，不但要考虑到初始要求、硬件与软件之间的权衡，还需要考虑到整个系统的成本、灵活性以及投入使用之后的速度等，都需要一一考虑，确保设计出来的系统能满足人们提出的要求，确保测控任务具有可靠性、安全性等，能顺利和太网连接，进行远程控制，结构简洁操作方便，便于维修，在软件设计上，要满足用户可根据需要进行删除、修改。要达到这一要求，还需要做深入的研究，力争在不远的将来，能打造出人们满意的嵌入式实时系统。

第五节 污水处理系统电气控制自动化

污染问题已经成为当今世界范围内各国发展所面临的重要问题，污染的治理工作已经迫在眉睫，如果不能对污染问题进行有效的治理，就会严重影响到经济的可持续

发展。近几年来我国十分重视污染治理，尤其是水污染治理工作。目前我国已经建立起了污水处理系统，利用专业化的系统实现污水的有效处理，降低水污染的危害性。污水处理系统的运行需要通过电气控制，所以想要提高系统运行的效率，就必须提高电气控制的自动化水平。

一、污水的处理流程

（一）预处理

污水处理工作比较复杂，因为污水的来源比较多，包括生活污水和工业生产污水。不同类型的污水，其内部的污染物也不同，对应的处理和净化的方法也就存在差异。因此在对污水进行治理之前，需要先对污水进行预处理。简单清除污水内部含有的一些大块漂浮物等容易分离的污染物，利用专业的设备，比如提升泵等，将污水运至沉淀池进行沉淀处理；清除污水内部的悬浮油、暂时硬度、SS 和 CODcr 等物质；然后经过简单的消毒处理，将其运送至下一处理单元进行深度处理。预处理主要针对的是一些比较容易沉淀和分离出来的污染物，在预处理结束之后，对于分离出来的污染物可以通过加压和脱水等操作进行简单处理，进行回收利用。

（二）深度处理

深度处理是污水处理过程中非常关键的一环，深度处理主要是对经过简单处理和过滤后的污水进行水质的改善，消除污水内部的有害物质和离子等，使处理后的水能够被循环利用。在深度处理的过程中，经过预处理的水会流入原水池，然后经过多介质的过滤器，对其中的细小颗粒物和胶体等进行沉淀和清除以改善水质；然后通过加入消毒剂、还原剂和阻垢剂等，清除水中残留的其他污染物质，最后得到的水就是能够被用于循环利用的中水。在经过深度处理工艺之后，其产生物比较多，包括水中的污染物和各种药剂，工作人员可以对其进行后续的加工处理，水在经过简单的勾兑和处理之后就可以被循环利用，提供给有低质水需求的用户使用。

二、污水处理系统的电气控制自动化

（一）电气控制自动化系统的要求

近年来我国对污水处理工作比较重视，随着我国科技水平的不断提高，尤其是信息技术和自动化技术的不断发展，我国的污水处理工作也向着自动化和智能化的方向发展，各种先进的污水处理设备和处理系统也得到了广泛应用，在提高了污水处理自动化水平的同时，也提高了污水处理工作的效率和质量。

电气控制自动化系统能够对污水处理系统进行自动化控制，是污水处理系统运行的重要控制系统。该系统在使用的过程中首先要能够适应恶劣的运行环境，因为其主要是对污水进行处理，而污水中含有的污染物和有害物质比较多，其酸碱度和离子含量都异常，很有可能会给系统运行带来不利影响；其次是要求电气控制系统必须能够灵敏捕捉污水处理的实时变化情况，帮助工作人员了解污水处理工作的运行状态，了解污水的处理效果；电气控制自动化系统在运行的过程中还需要加强对污水处理信息数据的收集，记录污水处理的各项参数，比如水温、水位和 pH 值等。

（二）电气控制自动化系统的构成

污水处理系统是由多个硬件设备共同构成的系统，该系统在运行的过程中，必须对其构成进行严谨的分析和控制，这是保证污水处理系统运行效率的基础。污水处理系统主要被分为监测系统和控制系统，监测系统的主要作用是利用控制器显示每个机位的工作情况，显示运行过程中的相关参数；控制系统的主要作用是对污水处理进行控制，通过上、中、下三级控制的方法，对污水处理系统的相关硬件设备和配套设施进行控制，使其能够高效稳定运行。污水处理系统的电气控制系统构成主要包括：

（1）上位层，主要是指工控机的运作，在运行的过程中，需要借助计算机高级语言对其进行控制，而其功能和动作的实现则需要借助各种硬件配套设备，比如阀门和电机等，在使用的过程中，技术人员可以借助显示设备查看其运行的参数，了解运行状态，还能够及时发现系统运行的故障和隐患，做出示警，在最短的时间内制订维修计划，通知操作人员进行抢修操作，使系统能够在最短时间内恢复正常运行。

（2）中位层，是整个污水处理系统的逻辑控制中心，对整个污水处理系统的运行起到重要作用，尤其是在信息数据的收集、存储和分析方面有着显著作用。中位层处于上位层与下位层之间，起到重要的枢纽和连接作用，能够对信息进行有效的传递，接收上位层的信息数据并进行逻辑分析，然后将分析结果和控制指令传达至下位层的相关结构和硬件设备中，使下位层的设备能够做出反应、执行命令，从而完成整个控制过程。

（3）下位层，主要是指污水处理系统的现场运行设备，主要由电机、阀门、仪表等构成，具有一定独立性。

我国对于水污染问题已经建立起了专门的污水处理系统，该系统在进行污水处理的过程中，通过预处理和深度处理，最大限度对污水进行分解和净化，能够有效降低水污染的危害性，对我国污水处理工作有着重要作用。污水处理系统在运行的过程中，电气控制的自动化水平会直接影响系统的运行效率和质量，所以要求相关技术人员必须明确电气控制自动化系统的要求，合理构建控制系统，保证系统设备的质量和性能，并对参数进行有效控制，使其在水污染治理的过程中发挥出最佳效果。

第七章　机电工程管理

第一节　机电工程施工管理中的问题分析

机电施工是建筑工程建设过程当中的一个重要环节，机电施工的好坏将会影响到建筑工程建设的质量和安全。只有在施工当中落实好施工的质量和技术要求，才能更好地使机电施工达到相应的质量规范要求，保障建筑工程的质量和安全。本节针对机电工程施工管理中的问题进行分析，希望为了提高机电工程施工管理水平，机电企业应当综合考虑各方面的影响因素，完善管理制度营造出良好的管理氛围，并从各个细节入手，真正提高机电工程施工的管理水平保障机电工程质量。

机电工程的施工管理是非常复杂的，并且是一项系统性的工程。不规范以及不科学的操作过程都会在一定程度上影响到施工的管理，如机电施工准备工作不充足、规划不合理、安装技术水平低、安装人员专业素质欠缺、监督管理不到位等众多因素都会导致其安装出现质量问题，影响机电设备的正常使用。因此，一定要事先根据实际情况规划好安装方案，对人力、物力以及财力统筹进行制定；并配备专业素质水平较高的安装人员和监督管理人员，从而保证机电安装质量。

一、机电工程施工管理中存在的问题

（一）机电造价管理不理想

当前，机电工程施工管理中一个很大的问题就是机电工程造价管理不理想，首先体现在一些企业为了经济系利益不按规定标准签订合同，整体的工程造价超出预期设定。其次，部分机电工程单位在结算时会刻意提高工程定额工程量，而且一些施工企业还会适用一些成本较高的施工材料和设备，致使工程造价提高。最后就是有的施工单位在是建筑施工中使用劣质材料但价格却高于质量较高的材料，不但增加了安全隐患，也影响了企业的继续发展与后期经济效益。可见，施工单位的造价管理比较混乱，加之受各种因素的影响致使机电工程造价超过预期水平，这些造价管理问题的存在，无法保证企业的经济效益。

（二）机电设计不合理

随着机电设备种类的增多，给施工人员选择机电产品的工作带来了影响。当前市场上机电设备的规格以及型号比较多，导致设备的技术参数以及型号非常混乱；这就加大了采购产品的难度，不仅设施不匹配的问题常常发生，还可能会选错产品。同时，大部分机电设备生产厂家并没有统一的生产标准，也加大了施工单位的采购难度。由此可见，行业机电设计缺乏统一的标准，无法保证机电设备的使用效率。另外，如果对设备的安装以及具体的使用内容没有在工程开始之前就统一进行规定，那么施工的难度就会大大提升，对后期的施工带来非常大的影响，直接关系到施工的进度以及具体的流程，因此，对机电设备进行设计的时候一定要严谨地对待。

（三）机电施工人员素质不高

科学技术的发展推动了机电设备的更新换代，也促进了机电安装技术的革新。但很多机电人员并不具备足够的技术基础，这很难保证机电工程的质量。另外，许多施工人员既没有专业的技术水平也没接受过专业的培训，这样在施工时，对可能出现的问题不能准确分析做出判断，提供解决方案，从而导致系列问题发生。加上建筑施工单位对机电设备安装人员的技能培训过于忽视，只注重施工进度忽视工程质量，也会使得施工人员的基本专业水平与素质无法提升。可见，机电安装从业人员综合素质不达标，就不会对先进的安装技术完全掌握，机电安装的质量就会受到影响，同时也降低了机电设备的使用效果，减少了企业生产的经济效益。

二、机电工程施工管理的对策

（一）提高机电工程造价管理水平

造价管理水平是影响机电工程施工效益的关键，为了提高企业的经济效益，在机电工程施工管理中，就应当在全过程中加强机电工程的造价管理。因此，首先，企业要重视机电工程施工成本管理，把成本科学地进行规划，制定项目单位的成本管控列表的时候，一定要加入机电安装的信息，而且要综合考虑实际情况。其次，加强机电工程材料和设备的设计，从购进、运输到使用都要加强管理，保障机电工程施工质量的同时，关注市场变化，尽量控制材料和设备的成本。最后，要加强机电工程项目施工图和机电工程项目施工图的预算审查，合理控制工程造价，提高机电企业的经济效益；从而合理控制工程造价，提高机电企业的经济效益。

（二）规范机电安装设计方案

为了提高机电设备安装效率，制定出科学合理的设计方案：首先需要结合机电设备相关的资料，认真分析设备特点，选择性价比高、安全性强、成本低的设备。其次，要根据实际情况，确定机电设备的种类、数量及安装工艺，并且选取专业素质、技术能力合适的安装人员进行优化的配置，保证安装工作顺利进行，将工程进度提升到最快。最后，要严格对安装的机电设备进行管理，合理安排管理任务，熟悉各个设备的具体参数，制定科学的管理流程，将机械设备的运输、使用、拆卸等内容包含其中，提高安装工程管理的规范性，降低安装过程中事故发生的概率。

（三）提高机电施工人员整体素质

提升机电安装工程质量不仅要依靠高水平的安装技术，还要依赖于高素质的安装人员。因此，首先机电企业应当加强对全员的培训，提高机电人员的管理水平和职业道德，并能够熟练掌握机电工程专业知识。其次，建筑企业可以聘请先进的外来水平进行实际操作，确保员工按照操作的规章制度执行。对于施工人员来说，安全的施工理念必须贯穿整个工程，务必加强施工人员的安全教育工作。最后，建立严格的培训制度，这不仅能够有效地将培训工作不断优化，还对提高机电工程工作人员的综合实力有很大的帮助。如可以定期开展有关机电工程专业技能教育培训工作，并实行考核与奖励机制确保培训效果。

综上所述，当前工业生产中机电设备的种类是多样化的，在实际的操作中其内容也越来越复杂；机电工程管理是保证机电工程质量的关键，为了促进机电行业的可持续发展，企业应当加强机电工程管理。因此，必须着重关注施工管理环节，对存在的问题分析解决并做进一步的改进措施，引进先进的生产技术，及时更新作业设备，提高工作效率，确保机电设备安装工程的质量。

第二节　建筑机电工程的施工管理

建筑机电工程的施工过程复杂，技术要求高，特别是随着时代的不断发展，工程领域的技术也在不断发展，建筑内部的构造愈发复杂，机电工程施工难度也越来越高。因此必须做好施工管理，整个建筑系统才能维持正常运作，施工的质量才能得到保障，还需要集中探讨管理要点，以保证机电施工的效率更高，质量更高。

一、建筑机电工程施工管理的特点

与其他工程项目相比，机电工程涉及的种类比较多，尤其是建筑机电工程，通常情况下主要涉及管道、电气、通风、空调等工程。在施工过程中，需要重点控制、管理机电工程的安装和施工的关键环节。

（一）机电工程管理涉及的范围

在安装机电设备的过程中，施工作业涉及的范围比较广，而且比较复杂，为了确保施工质量，需要对机电设备与安装环境之间的关系进行综合分析、全局考虑，避免局部问题影响机电工程管理的整体性。

（二）机电工程更新快

随着经济的发展、科学技术的进步，一些新材料、新工艺应用到机电工程施工中，一方面延长了机电工程的使用寿命，另一方面也提升了机电工程的施工质量，更重要的是提高了机电工程的工作效率。

二、机电工程施工管理中存在的问题

（一）机电工程施工管理方式

随着信息技术水平的不断提升，机电工程在智能化与自动化性能方面有了很大提升，这是机电工程在项目体量与工艺技术复杂度方面不断提升，项目管理过程中形成的资料较多，采取单一的管理模式或不能高效利用相关工程管理技术软件很难收到理想的效果。当前，机电工程施工管理的重点在于项目质量、成本造价以及施工安全等多个方面，这些不同管理要素间存在着紧密的联系，针对单项要素进行的管理工作将不利于机电工程施工管理工作的开展。

（二）管理人员整体素质

当下我国机电管理人员中有一部分没有经过比较专业的训练，所以在实际施工中很难把握好工程安全和质量，致使许多机电工程出现了问题。作为非常关键的一项工作，机电工程的问题可能会影响整个工程的整体进度。在实际操作中，很多施工人员缺乏工作经验，专业知识方面也比较匮乏，有关机电工程的施工技术都是靠以往的工作经验，或者其他相关工作中的实践得来的。很多施工单位忽视对施工人员的技术培训，只追求工程进度忽视工程质量，从而会直接影响到工程的质量。

三、机电工程施工管理问题的优化措施

（一）明确安全管理目标

明确安全管理目标的工作主要有：分析问题、收集信息并制定目标。分析问题，是指安全管理人员在制定明确的安全管理目标之前，要找到建筑机电工程施工过程中存在的各种问题，运用专业知识和方法分析这些问题，得出出现这些问题的缘由。收集信息，要求安全管理人员运用系统分析法，收集建筑机电工程施工中与安全管理相

关的信息，包括施工技术要求、现场施工环境，以及周边社会情况等。制定目标，就是以分析问题和收集信息所得的结果为依据，得出安全管理应当针对的目标。有了明确的安全管理目标，才能进行合理有效的安全管理工作。

（二）提高机电施工的管理水平

提高机电施工的管理水平，使用现代化的信息管理技术进行管理，才能对现阶段我国机电工程中的各种问题进行解决。机电施工管理工作包括的内容有很多，包括管理承包单位、管理施工过程以及施工质量，还要对市场信息以及相关政策出现的变化进行及时的学习。使用信息化管理技术，能将收集到的信息进行快速整理和分析，管理人员能快速查询到需要的数据信息，这都能大大提高机电工程施工管理的水平。

（三）提高机电施工人员整体素质

由于机电施工人员的整体素质都不高，为了改变这种现状，就需要对管理人员加以培训，用以提升他们的职业道德修养，争取更多地掌握好机电工程的专业知识。培训的时候要重视优秀的工作人员，选择熟悉机电工程专业知识并且有实际工作经验的人，定期进行培训考核，淘汰掉不达标的人员。

（四）加强机电工程管理制度的建设

由于完善的机电管理制度的缺失，使得目前多数的机电工程施工管理都存在很大的问题，难以顺利进行，这就要求完善机电工程制度，有效提高机电工程施工管理水平。要想我国机电工程施工管理得到保障，就要制定一个施工的安全标准和相关的质量标准，便于后期竣工验收时的管理。与此同时，机电施工的市场竞争仍然需要加以规范，禁止施工单位通过不正当的手段得到施工权限。

（五）施工质量管理

工程质量水平是各项工序质量的综合。因此，建筑机电工程的施工管理需要构建完善的科学质量管理体系，保障各项工序的施工质量水平得以达标，还需要对工程的实体形态以及各具体施工层次都进行控制和管理。对于容易发生质量安全隐患的工序需要引起高度重视，在严谨应对的基础上进行全方位监控，对于问题需要做到尽量避免、尽快发现和及时解决等。积极应用信息化监管技术，保障质量监管的时效性和质效水平。

（六）适当转移风险

建筑机电工程施工的安全不能单单依靠安全管理部门和人员的工作来保证，要协同其他部门，大家相互配合，共同承担风险，不能使安全风险过于集中，导致问题加重恶化。适当地将风险转移，虽然在本质上不能解决安全管理问题，但可以有效减少各个部门承受的风险压力，避免因风险积累导致安全事故的发生。在签订分包合同时，要求中介将非保险类的风险，通过规定的合同条款转移给商业伙伴，要求分包公司接受业主合同文件中的各项合同条款，分担一部分风险，在分包合同中也要写明具体的赔偿费用，这样在不影响合作的前提下，既能保证工程施工按计划进行，也能减轻施工单位的安全风险。

建筑机电工程体系庞杂、施工量大、技术要求高，这些特点都决定着机电工程管理工作面对着更高的要求。在新的时代发展趋势下，工程领域竞争愈发激烈，为了在竞争当中占据优势，必须做好施工管理，才能得到理想的施工成果，获得理想的效益及发展。

第三节　电力机电工程施工管理

随着经济社会的快速发展，城市建设的步伐日益加快，对水利工程、机电建设工程的施工要求也不断提高。在水利工程建设中，机电工程施工项目管理是很重要的环节，管理水平的高低直接影响着机电工程项目质量的好坏。本节对水利工程当中机电施工技术管理工作进行简要探讨。

水利工程与机电施工技术密不可分，二者互为补充。电力机电施工技术由建筑监管工程、排水设施工程、电力工程等组成，它们决定着水利工程的施工质量。为了保证机电工程施工的安全性与顺利开展，务必着力于建立水利机电施工的应急预案，同时健全水利工程的监督管理机制。采用科学的管理手段和方式，遵循其环节的先后性，是电力机电施工过程中最基本的一点。

一、水利机电施工要点

好的规划对水利机电施工具有重要意义。在水利机电施工的整体规划中，前期准备工作起着指导作用。一般都是在做好水利机电施工的具体方案后开始进行施工作业的，前期准备阶段质量的好坏甚至在一定程度上可以决定后期完工后的整体质量。在早期规划中，除了配备好相关的规划人员、电力机电施工作业使用的材料、设计施工图纸等，还要对所使用的材料进行必要的分类，做出相应标记。在预埋电线盒挖凿管道的过程中，要注意精确测量放线的位置及长度。

二、水利机电施工人员管理工作

首先，在施工人员的配备上坚持“定向输入，统一分配，合理流动”的原则，尽可能避免因人员配备或者施工人员数量不足而导致施工作业进展不利。水利机电施工过程复杂，任务较为繁重，为确保工期经常会有不同领域内的专业人员共同开展工作，此时人员的合理配备就显得更为重要。此外，在水利机电施工工作开展之前，一定要保证机械设备配备齐全，工程材料供应充足，以保证工作顺利开展。其次，严格按照水利机电施工相关规定管理人员，在管理过程中充分展示文化、平等、民主、情感、管理等人性化因素，按照合情合理、高效、优化的原则，根据施工人员的自身特点和专业水准划分出不同分工的施工队伍，着力增强施工队伍的凝聚力，以达到专业、高效进行水利机电施工作业的目的。同时，将施工队分成管线组、电气空调组、消防设施架设组、通风组等，并确定出具体负责人，以保证水利机电施工作业的及时完成。

三、水利机电施工进程管理工作

（一）施工进程监督管理

按照承建合同和实际施工条件制定出详细的施工进度计划，交由监理单位进行审批。审批后的水利机电施工进程应该严格执行，并周期性地组织有关人员定期核查工程进度。在水利机电施工作业开展中，可以把流水作业和动态作业相结合，协调安排劳动力，选择成熟、可靠、先进的施工作业方式，确保施工材料及时供应，注重收集实时信息，协调各个职能部门之间的联系。一旦发生工期拖延现象，及时向上一级职能部门做汇报，及时调整和改善工作措施，以保证水利机电施工作业按照规定的进度进行。

（二）机电设备安装管理

水利机电设备安装的管理要着重于管理水利机电设备安装的进程，其直接影响着水利机电施工作业的工期。对于水利机电安装施工的进度控制，首先要协调好水利机电安装施工管理系统与水利工程的协调性，避免发生冲突。发现问题时，要对设备安装的初步规划、总体设计、电线管道的铺设等各方面做出积极沟通，使水利机电施工作业顺利进行。一个水利机电施工队伍是否具有强大的组织力、凝聚力，施工团队的设备是否能实现进度的最大化，是否能提高资源利用的最大化，这些在很大程度上都取决于电力机电施工团队的管理工作。对水利机电施工作业和设备安装进度的管理工作也能够反映出管理团队的管理水平和科学性。

（三）施工进程组织管理

在组织管理方面，首先要确保人力资源分工的合理性。要能够合理安排水利机电工作人员的工作，以免造成人力资源分配不均，发生劳动力浪费的情况。其次要促进施工技术人员互相帮助、互相学习和互相交流的能力，只有通过不断的取长补短，水利机电施工团队才能不断地提高自身水平，增强团队凝聚力和竞争力，把工作做到最好。最后要降低人力资源管理成本。高度协调的水利机电施工组织有利于提高施工队伍的整体水平，有利于培养人才，有利于人员的有效调配，同时也是水利机电施工团队按进度完成施工作业的重要保证。

（四）施工进程安全管理

在水利机电施工过程中，安全问题是根本，只有安全问题得到切实保证，电力机电施工作业的完成才有意义。在安全问题上，要落实和执行《建筑施工安全检查条例》《中华人民共和国劳动法》《建设工程安全生产管理条例》等相关法律条文中规定的安全施工要求，把安全第一的施工理念贯彻到水利机电施工作业的各个环节，建立科学、安全、防范的新型管理平台，做到依法防范，及时排险。如果安全问题得不到保证，就是对水利工程施工人员的不负责，也是对施工质量的损害。解决安全问题绝不仅仅存在于施工过程中，更重要的是普及安全操作知识，增强工作人员的安全意识和防范意识，做好最基本的防范工作以确保工作人员的生命财产安全。

伴随着经济社会的高速发展，我国基础设施建设的步伐不断加快，水利工程和基础设施建设行业的高速发展带动了水利机电行业的发展速度。因此，水利机电施工的管理工作也越来越重要，能否提升水利机电施工作业的管理水平对于实现水利机电施工水平有着重要意义。我国水利机电工程的建设与建筑工程有着密不可分的关系，由于水利机电工程具有专业性强、综合性要求高等特点，只有在实践中不断探索，将实践中积累的管理经验上升到理论水平，再将理论重新应用在管理工作之中，我国水利机电施工管理水平的提高才有可能真正实现，才能在水利机电施工中发挥积极作用。

第四节　BIM 技术的机电工程施工管理

随着人们对居住环境的越来越重视，人们对建筑功能及舒适度的要求也在不断提高，这也进一步促进了建筑业的健康发展。在建筑工程中，机电工程是其中一项非常重要的内容，为了有效满足人们对居住环境的使用需求，机电工程的施工变得越来越复杂，机电设备的功能不断丰富，这也使机电工程造价在建筑总造价中所占比例不断提高，如何对机电工程施工进行高效的管理也成为迫切需要解决的问题。BIM 技术的出现为机电工程施工管理提供了新的工具，给机电工程的整体优化带来了积极的影响。基于 BIM 技术对机电工程施工管理模式进行深入的研究。

现在我国的 BIM 技术已经受到了大家的普遍关注。通过对该技术的利用能够使机电工程设计效率得以显著提升，因此在机电安装工程的施工中得到了非常广泛的应用。现在很多机电施工单位正在不断地研究如何在机电安装工程中应用 BIM 技术，因此极大地提升了我国机电工程安装施工水平。

一、BIM 技术概述

BIM(Building Information Modeling)，又称建筑信息模型，是一种应用于工程设计、施工、运营管理的数据化工具，它具有可视性、协调性、模拟性、优化性和可出图性五大特点。BIM 是一种全新的建筑设计、施工、管理的方法，以三维数字技术为基础，将规划、设计、建造、营运等各阶段的数据资料，全部包含在 3D 模型之中，让建筑物整个生命周期中任何阶段的工作人员在使用该模型时，都能拥有精确完整的数据，帮助项目设计师提升决策的效率与正确性。在各个阶段、各个工作搭载各种信息，贯穿建筑生命周期，消除信息孤岛。信息数据之间适时关联，智能互动，避免信息流失。多维及多种方式的数据表达，创建明确信息。BIM 核心建模软件主要有以下四个公司：Autodesk 公司的 Revit 系列（广泛应用于民用建筑优势、兼容互导软件众多）；Bentley 公司的建筑、结构和设备系列；Nemetschek 公司的 ArchiCAD/AllPLAN/Vector Works(在中国表现疲软)；Dassault 公司的 CATIA(侧重于机械设计制造)。通过建立 BIM 模型，实现三维可视化，设计查错优化，碰撞检查，自动检查各专业管道的碰撞问题，并出具碰撞报告。①利用 Revit MEP 可以使各专业间真正的可视化协同作业；实现对机电管线的碰撞检测；对设计中的错漏区域及时发现；可以运行机电系统计算或检测；可以生产材料设备明细表用；Revit 所做设计，无论建筑、结构、设备设计，建模完成后，都可进行统计产生明细表，如门窗表、管道总长、材料用量等，为工程预算、施工管理提供依据。②利用 Navisworks 软件和 Office Project 软件模拟施工场景，将 Revit MEP 软件构造的模型导入 Navisworks 软件中，结合 Office Project 软件的项目进度管理功能，即可实现对建筑施工进度的可视化管理；通过模拟出真实的施工场景动画，被赋予时间属性的各个建筑构件四维模型会按照预计的进度逐步加入建造施工场景中。③ Navisworks 软件提供了用于分析、仿真和项目信息交流的工具；完备的四维仿真、动画和照片级效果图功能能够展示设计意图并仿真施工流程，从而加深设计理解并提高可预测性；实时漫游功能和审阅工具集能够提高项目团队之间的协作效率。

二、在机电安装施工中应用 BIM 技术的优势分析

首先是信息的全面性。在机电安装工程中包括大量的信息，如生产厂家、费用、产品型号、综合管网等各种信息，通过对 BIM 技术的应用就可以对上述的各种信息进行统一的管理，并且将一个全建筑信息模型提供出来，这样在对信息进行管理和查询的时候会变得更加的方便，并且能够使施工管理中发生错误的概率得以极大降低。

其次是全生命周期覆盖。机电安装工程的全生命周期具有设计相关单位多、时间跨度长等一系列的特点。在机电系统的全生命周期管理中应用 BIM 技术可以更加方便

地查询和更改系统内的各种数据，因此在建筑的每一个周期中都能够使用 BIM 技术。与此同时，作为一种可后续拓展技术，BIM 技术还可以将一个进行后续整改的平台提供给建筑的其他相关行业，特别是如果出现了新的机电产品或者机电技术，就可以非常快速的增加功能，使工程的改造效率得以提升。

三、基于 BIM 技术的机电工程施工管理模式分析

从机电工程施工管理模式来分析，基于 BIM 技术的机电工程施工管理主要体现在以下三个方面，分别是管线设计、工程造价及施工进度控制、碰撞检查及平衡校核。

（一）基于 BIM 技术的机电工程管线设计管理

随着建筑功能的不断完善，电力设备、空调设备、通信设备等各种机电设备在建筑物中的应用越来越多，这使机电工程施工的难度呈现几何倍数增长。现阶段，对机电工程施工的重要工作便是确保对机电安装空间的高效化利用。而在机电设备施工过程中，管线设计的合理性直接关乎着建筑物的空间利用情况，这也使其成为机电设备施工的重要工作。通过 BIM 技术的应用来进行多种管线设计方案的模拟，能够使管线施工变得更加合理，同时还能对后续的检修空间预留及支吊架制作安装等方面进行综合考虑，减少了管线的浪费，降低了机电系统阻力，实现了对空间的合理利用。

（二）基于 BIM 技术的机电工程造价及施工进度管理

在机电工程施工中，造价与施工进度的控制是至关重要的，它也是业主最为关注的问题。BIM 技术能够将机电工程中所有的数据信息进行集成，使管理人员通过 BIM 模型的运用对机电工程中的造价信息、施工信息及进度信息进行提取，通过对这些数据信息进行科学的分析，能够帮助管理人员对机电工程的施工周期、材料与设备造价、工程量及安装费用等进行全面掌握，进而使管理人员准确判断出机电工程的实际施工进度和实际造价是否超出预期，并根据判断结果对后续的施工进度控制计划和造价控制计划进行相应调整。

（三）基于 BIM 技术的机电设备碰撞检查及平衡校核管理

在以往的机电工程施工中，很可能会因机电设备的安装不合理而发生碰撞，或是选择机电设备的参数不合理而造成机电设备使用效果降低等问题，这些问题无疑会给机电工程的施工带来很大影响，进而造成较大的经济损失。而通过 BIM 技术的应用，则能够在机电设备安装之前进行碰撞检查，并确定机电设备的产品参数，这样不仅能够避免机电设备在安装时发生碰撞问题，还能保证机电设备在使用过程中发挥出最大的应用效果，这在很大程度上提高了机电工程的施工管理水平。

总而言之，随着 BIM 技术和应用环境的成熟，BIM 技术在建筑机电安装工程中的

应用将会更加广泛。而BIM技术的不断深入应用，必然会给建筑机电安装工程的工作带来极大的帮助，不仅能够提高机电安装工程设计的合理性，还能够提高机电安装工程的投资回报，有效地加快项目工程的施工进度，提升项目施工质量，节省工程施工成本，从而为建筑安装工程的高质量施工打下坚实的基础。

第五节　国际EPC项目机电工程施工管理

本节结合巴基斯坦卡拉奇深水港堆场及房建项目、瓜达尔自由区起步区项目机电工程施工中遇到的共性问题，通过分析问题出现的原因，找出能够合理解决所述问题的应对措施，有效规避因管理疏漏造成的工期、成本损失，探索形成一套行之有效的可用于国际EPC项目机电工程施工全过程的管理办法，供越来越多的参与国际EPC项目施工的中国企业作为参考。

继习近平总书记提出“一带一路”的伟大倡议之后，建筑施工企业走出国门，参与世界范围内的基础设施建设的高潮再度来临。EPC总承包作为国际上通用的较为先进的建设工程管理模式，也成为这些中国企业不得不面对的一个重要问题。对于中国企业来说，EPC总承包项目中有关传统结构物部分的施工均已是驾轻就熟，但是在专业设备、材料（主要是机电工程）的施工管理方面仍存在着职责不明、流程不清等问题，进而导致施工成本增加，更有甚者还会引发重大质量事故，本节综合两个海外项目在机电工程施工管理过程中的经验教训，旨在探索一条简单、明晰、通用性强的管理思路，为类似项目提供借鉴。

一、选题背景

（一）中外EPC总承包模式发展现状对比

EPC总承包管理模式是承包商从设计、采购、施工、安装、调试到验收运行的整体工程项目管理模式，流行于发达国家以及国际工程承包市场。从目前的国际工程承包市场来看，EPC工程总承包模式已变成国际承发包市场的主流模式，来自欧、美、日等国家的大型国际承包商因为在此方面起步较早，已牢牢占据着国际高端建筑市场。近年来，以国企为代表，大批的中国建筑企业也在尝试采用EPC总承包的模式参与到国际建筑市场的竞争中，而且规模不断扩大，但是从经济效益的角度来看，对比国外的工程总承包商还有很大的差距，尤其是对于机电工程领域所涉及的专业设备、材料的设计、采购、安装和运行方面的工作存在严重短板。

（二）机电工程施工管理研究现状

鉴于机电工程施工的复杂性，各个施工单位在施工过程中或多或少均会遇到问题，因此在此方面的研究也从未停止。比如黄昌成从过程管控、试验检测以及 BIM 技术应用方面对机电设备安装施工进行探讨；张文煜从人员素质、工艺水平和管理措施方面对机电工程施工管理中存在的问题进行了阐述；杨林从施工准备、质量、工期、安全及成品保护方面对机电工程施工管理进行了分析；陈骏从工程技术、施工流程、质量控制等方面对机电安装工程施工管理做了简要分析；沈先福结合施工实例，从施工技术和质量管理方面进行了分析。

但是，以上研究均着眼于机电安装施工的实际安装阶段，对于 EPC 项目要求的设计、采购、安装及运行的全过程管理来说仍存在局限，本节将在此基础上将机电安装工程管理分别向上下游进行延伸，以期寻找到更加全面、广泛的管理办法。

（三）依托项目

巴基斯坦卡拉奇深水港堆场及房建项目和瓜达尔自由区起步区项目均位于巴基斯坦境内，施工内容极为相似，除传统的房建、道路等结构物施工外，还包含大量的诸如发电机组、高低压配电系统、生活给水系统、消防喷淋系统以及智能化控制系统等机电工程相关的施工内容。中交二航局作为一个传统的路桥施工企业，先后以 EPC 总承包模式承建上述项目过程中，在机电安装施工方面走了一些弯路，但是也积累了丰富的施工经验。

二、存在问题

（一）成本管控意识不强

在国际 EPC 项目招标过程中，业主一般会对机电工程所涉及的主要设备、材料出具短名单，但是该短名单并非强制要求，而是作为一个基本的参考。一般情况下，只要承包商能够提供充分的资料证明自己所选的品牌、型号与业主推荐品牌的产品在性能方面保持一致或者更优，监理单位均会接受承包商的更换请求。

比如，在巴基斯坦卡拉奇深水港堆场及房建项目施工过程中，业主指定的高压柜品牌为新西兰的 RPS，该品牌为世界知名品牌，价格昂贵，生产周期长且不接受提前交货请求。此外，从新西兰到巴基斯坦的海运距离远，过程中出现设备损坏的风险高。但是项目部在工程初期并未发现该问题，当进入设备采购程序想要选用国内合资品牌的同等产品进行替换时，现场的变电站施工已急需定型产品的规格指导基础埋件的安装。虽然最终项目部通过努力选用国内的 GE 产品进行替代，节省了设备采购费用，但是现场的结构物施工因此造成延误，无形中将节省的费用大打折扣。

（二）忽视机电工程对结构物施工的影响

机电工程除采购、运行外，最重要的施工步骤是安装。一般情况下，结构物施工时，需要根据采购的机电设备的具体尺寸，合理进行基础预埋件的定位或者相关结构物的尺寸调整，并上报咨询工程师审批通过后方可实施。

比如，巴基斯坦卡拉奇深水港堆场及房建项目综合主楼设计为五层结构，需安装电梯一部，投标文件中推荐的电梯品牌为日本东芝，设计载重量不小于 1000kg，设备供应商在收到项目部提供的电梯井图纸后，立即指出该设计中电梯井的下部基坑深度不足，无法满足该技术条件下的产品的安装需要。但是，现场电梯井基坑已遵照原设计图纸施工完毕，项目部在询问其他电梯厂家之后，发现该尺寸均不能满足要求，只好将基坑基底凿除加深，过程中因处理方案与咨询工程师多次沟通，造成结构物施工进度延误。

（三）对于机电工程施工的验收程序不明晰

相较于传统路桥施工过程中的“三检制”，机电工程施工对于过程验收有着一套更为严格、更为复杂的验收程序，主要包括厂家资质审查、产品型号及性能审查、出厂检测、进场验收、安装完成后的试验检测及试运行。

巴基斯坦卡拉奇深水港堆场及房建项目机电工程施工过程中，由于忽视了关键设备的出厂检测流程，未能提前做好充分准备，在产品生产完成后，仓促组织业主代表、咨询工程师前往位于中国境内的高低压柜、变压器厂家进行出厂检测工作，却因为咨询工程师为越南国籍，彼时中越之间因南海问题导致关系紧张，签证办理极为困难，最终成行时已较原计划的出场时间延误一个半月，进而影响了整个的设备安装工期。

（四）对于机电工程施工的具体内容不了解

机电工程安装并不是简单地指将采购的成套设备安装于已施工完成的基础上，而是以满足整套系统最终安全、平稳的运行为目的。因此，各种二次接线、参数输入及调试等工作均属于机电安装工程的重要组成部分，一旦遗漏，就会对计划工期造成严重影响。

巴基斯坦卡拉奇深水港堆场及房建项目高压柜租安装完成后，根据技术规格书要求，需与上游发电机组进行联调联试，但是当项目部开始组织第三方检测单位进场时，由检测单位指出项目部提供的技术资料中缺少一项重要参数，即差动保护值（Differential Protection），项目部紧急行文至设计方要求提供该数值，但最终数值计算完成后已是 1 个月之后，导致现场测试工作出现延误。

三、管理办法探析

针对上述问题，瓜达尔自由区起步区项目机电安装工程正式开始后，项目部针对性地提出了一系列行之有效的管理办法，并最终取得了良好的效果。

（一）专人负责，尽早介入

在项目策划阶段，即指定有机电安装施工相关经验的人员参与，并根据机电工程施工的具体内容以及各分项工程与结构物施工之间的关系，对项目部的总体施工计划进行调整，做到合理穿插、互不干扰。同时，指定专人紧盯机电安装工程的全过程，并根据设备选型、采购、验收、安装、调试的先后顺序编制里程碑计划表，确保订购提前、进场及时、安装有序。

比如，该项目的发电机组采购，通过前期与设备供应商沟通，得知该发电机组的发电机部分由法国进口、发动机部分由英国进口，组装工作在中国境内完成，预计进场周期为 6 个月。因此，项目部根据下单时间，合理安排现场结构物施工计划，最终做到了基础于设备到场前一周全部完成，实现了各工序间的完美衔接。

（二）合理选型，优中选优

瓜达尔自由区项目管理团队因为对机电安装工程的介入较早，因此在设备选型阶段的时间较为充裕，可以做到多方必选，最终确定产品质量合格、价格优势最明显的厂家作为供应商，为项目部节省成本，效果显著。

比如，在招标文件中，短名单对于低压配电柜的推荐厂家共计三家，分别为北元电力、镇江默勒和南京大全，其中北元电力排在第一位。但是，通过项目部询价得知，此三家提供的产品均能满足技术规格书中的各项指标，而南京大全的价格最优，且在交货时间、售后服务方面给出诸多优惠，项目部最终仅此一项就节约成本数十万元。

（三）合理规划，方案先行

项目策划阶段，瓜达尔项目部就组织人员编制了《机电工程专项施工方案》，但是鉴于机电工程施工分项多、工序多、检测多，而该施工方案更侧重于安装部分的内容，对于采购、检测等内容描述不够翔实，无法用于指导实际操作。因此，项目部又组织人员专门编制了《机电工程工艺配套设备、材料采购方案》及《机电工程检测实施方案》。

其中，采购方案从设备报批、设备招标、合同签订、驻厂监造、出厂检测、出口与运输、进口与清关、开箱检验、入库出库等方面对整个采购过程进行了细化，并对各个阶段的时间点、参与部门与人员、过程资料以及注意事项加以明确，确保各个阶段的实施均有据可依。而检测实施方案则从试验准备、检测内容、检测设备、检测人员及资质以及结果收集等方面做出明确规定，从最终的结果来看，项目部在这两个方面的准备工作是必要的，也是充分的，最终保证了整个机电工程施工过程井然有序，未出现任何大的延误。

（四）详细审图，合理优化

审图除了要对机电工程所涉及的供配电、给排水以及控制系统图纸中标注的工作原理、设备参数、系统组成等的准确性进行审核外，还要结合设备安装形式，对结构图进行审核，确保设备尺寸与结构尺寸一一对应，避免出现因无法安装而返工。

在瓜达尔自由区项目的给排水系统设计中，包含两套500t/d的海水淡化设备，原设计的设备形式为散件组装式，即砂滤罐、反渗膜组等单独成套，各自安装在独立的设备基础上，但是项目部在设备采购时，发现国内市场已存在一体撬装式的该类淡化设备。相较于散件组装式，一体式设备具有占地少、安装简便且便于维护的优点。因此，在取得业主单位的许可后，项目部立即组织设备供应商及设计单位就海水淡化站的结构设计进行优化，将原设计的独立基础修改为筏板基础，降低了现场结构物施工的难度。同时，设备到场安装时，无须大型起吊设备协助，直接铺设钢管将一体化设备转运至筏板基础上，安装上下游进出水管及配电电缆后即可以开始进行设备调试，节省了大量的安装时间。

（五）解放思想，引入人才

相较于传统的路桥施工，机电安装工程的专业性更强，因此专业人员的介入显得尤为重要。巴基斯坦深水港堆场及房建项目在走过了初期的弯路后，项目部认识到引入专业性技术人才的迫切性，因此大胆将安装工人中的技术人员，甚至是经验丰富的一线工人纳入工程管理团队中，而瓜达尔项目则是在项目开始之初就开展了此类工作，目的就是以专业技术人员的专业知识和经验为项目部的管理思路查漏补缺，并最终取得了良好的效果。

相较于路桥、水工等结构物为主的工程项目，机电安装工程的工序更多、流程更复杂、验收更严格，因此，更加合理的管理流程、更具操作性的施工方案和更加专业的技术人员是工程可否顺利实施并实现盈利目标的重要保证。此外，海外EPC项目因其所处环境的复杂性，对项目团队的管理水平要求更高，本节通过两个海外EPC项目在机电安装工程施工过程中的得失，总结了一套简单而有效的管理办法，希望能够为类似项目提供参考与借鉴。

第六节　高速公路隧道机电工程施工管理

随着经济的发展，时代的进步，我国的交通运输日益发达，成为社会生产的重要影响因素，作为关键的组成部分，铁路隧道承担着交通枢纽的作用。铁路隧道的机电运输工作从控制到各种监控设施的实现能够对交通运输起到非常重要的作用。并且其隧道的主要形态结构在管理工作和运输中的机电工程管理有着基本的保障。同时机电系统的安全稳定运行，对于隧道平稳运行设备运转起着很好的促进作用。

近年来，伴随着经济的迅猛发展，我国城市化进程逐步加快，高速公路建设趋向于规模化发展。其中，高速公路隧道机电安装工程的顺利开展对于整个建设来说有着十分重要的影响意义，其施工涉及面较广、通用性较强、学科跨度也相对较大，使得整个安装工程存在有一定的难度。在此，本节将结合相关实例来针对高速公路隧道机电安装工程施工措施进行简要探讨。

一、高速公路隧道机电工程概述

从严格意义上来讲，高速公路隧道机电工程属于高速公路机电总工程中的一个分部工程，一般来说，通风系统、监控系统、消防系统以及照明系统和供电系统等为其最主要的运作系统。

通风系统：通风系统主要旨在对车辆通过时所产生的烟雾、一氧化碳以及异味等有害物进行稀释，国内通常以在行车道正上方安装射流风机的方式运行该系统。

监控系统：监控系统中主要由闭路电视监视系统、车辆检测器、紧急电话系统以及环境检测设备和气象检测器、监控计算机系统等组成，旨在监控施工各个方面的安全与质量。

消防系统：消防系统主要包括紧急广播系统、声光报警系统、火灾监测系统等；主要设备有火灾探测器、消防控制器、火灾报警器和供水设施等。

照明系统：照明系统一般采用荧光灯、高压钠灯或 LED 灯，安装在行车道的上方及隧道横洞上方，以满足隧道内路面的平均照度和均匀度的要求；按功能分为基本照明、加强照明、应急照明、横洞照明，按区段分为引入段、适应段和过渡段、基本段、出口段。

供电系统：供电系统主要为通风系统的风机、照明系统的灯具、消防系统水泵和监控系统各种监视设备提供电力支持。供配电系统主要采用 10kV 架空线将附近变电所电源引至隧道洞口，再经箱式变电站或变电所变为隧道所需电压。

二、隧道机电系统施工管理

（一）安全管理

对于高速公路隧道的安全管理工作而言，会受到一定的客观因素的作用，如气候、环境、地质条件等因素，安全管理的施工，需要施工人员的认真分析和控制。对于施工过程中不同管理要素的划分，需要在施工人员有效的施工操作中进行协调，结合设计方案，减少施工中遇到的问题，及时通过某些设备来实现高速公路隧道施工的推进。关于对应的安全准备工作，需要在相应的位置条件中进行警告，施工人员的态度要更加认真。

（二）进度管理

按照高速公路隧道施工管理工作的控制，施工周期的变化应该通过施工方案来进行控制。施工的安全管理工作中，需要结合高速公路隧道管理的控制权限，掌握不同的施工进度，因为施工进度的差异很可能会导致施工周期的变化。对于施工周期的影响，需要结合施工范围进行控制。因为这些问题本身会对施工进度造成很大的影响，所以应该在施工周期的管理工作中，制定合理的施工方案，对于不同的工作状态进行协调，在施工过程控制的影响下，施工过程很可能会出现很大的变化。因此应该结合不同的施工角度，落实相应的施工方案，给施工问题的管理控制做好必要的准备。

（三）质量管理

对于高速公路隧道施工建设，施工周期的变化能够直接影响整体的工作量。所以为促进施工质量的提升，必须建立完善的施工管理体系来进行有效监控。对于施工单位的控制，必须在施工方案的处理中，对于不同施工管理工作的相互协调，能够进行有效的施工处理，或者通过施工进度的控制，来传达对应的指标，不同工程量也应该在施工的监督管理中来实现工作的完善。

三、高速公路隧道机电工程施工与检测策略

（一）进一步完善组织机构建设和人员分配工作

高速公路隧道段是施工过程中各类事故的集中发生点，所以这就要求各施工单位进一步完善安全管理机构建设，为各阶段设立针对性的安全管理组织部门，加大隧道段安全管理工作力度，并以各隧道段的实际情况为依据，在制定严格层级管理和明确工作岗位责任范围的前提下，合理安排安全管理工作人员对各隧道段实施安全管理工作。例如，以施工作业现场的实际需求为依据，按配置、作业驻岗以及监督巡检等对各工作人员进行合理性的分配。

（二）增加安全设施投入量并保障硬件设施的质量

高速公路隧道机电工程在硬件设施上的需求量远高于一般路段。例如，在施工过程中，不仅要增加反光锥的密度、反光条宽度，还要进一步增加各个点的安全硬件设施（如增加警示灯、指引灯以及其他标志性指示牌等），同时还要加大对各硬件设施的安检力度，以及时维修故障设备，避免耽误施工进程的顺利开展。此外，当出现暴雨、

大雪等恶劣自然天气以及其他特殊情况（点火试验等）时，施工单位应及时向有关部门申请路政或请求交警协助维护现场秩序。

就高速公路隧道机电安装工程施工而言，在施工准备阶段，应该充分考虑相应的长距离施工需求，进行足量运输设备的有效设置，同时需依照工程本身的高技术含量特点来实现对精确检测调试设备的合理配备；在进行施工技术质量的有效管理的时候，要以保障高速公路高质建设为基础，重点实现交通行业规范标准的有效执行，将其跟一般标准规范的相应使用范围正确划分出来，在编制交工资料的时候，需严格参照公路质量检测部门所给出的相关规定，积极配合公路质监部门对工程施工质量所实施的审查核验工作；在控制工程施工工期方面，其关键在于依照所制订的进度计划来实施节点验收工作，确保施工工期的顺利实现，在施工全过程当中，需结合实际情况调整施工进度计划，保障工程施工进度计划具有较强的可行性，与此同时，为了让节点可实现准时完成，则需针对设备、劳动人员以及材料、机具等要素实施有效动态监控，保障施工可及时地完成按需配置。

第八章　机电一体化技术的应用研究

第一节　过程控制系统在机电一体化中的应用

现代生产系统被革新，越来越多的智能化装置以及设备被用于现代生产活动之中，技术人员将电子技术与机械制造技术结合起来，开发出了机电一体化这种现代科技，使机械设备更具智能化应用特点。机电一体化技术属于具有综合性特点的现代科技，技术人员需要在应用具有机电一体化特点的机械设备时，引入过程控制系统，实现对设备的自动管控。本节对过程控制系统的具体应用进行研究。

从改革开放以来，我国经济的发展水平不断提高，当然这也在一定程度上加大了每个行业的竞争力。在如此复杂的市场经济环境中，只有将自身缺点进行优化、不断地完善自己，才能在如此激烈的竞争中占据一席之地。机电一体化系统对于一个工业大国来说尤其重要，作为我国运用范围最广的系统，不仅要提高可靠性，还要提高其高效性。只有发现系统中的不足，不断改进，解决问题，才能确保机电一体化在我国的重要地位不动摇。

一、机电一体化的现状

国际上机电一体化可以分为三个阶段，即 20 世纪 60 年代以前人们刚开始使用机电一体化这项技术的初级阶段、20 世纪 60 年代到 21 世纪初期人们不断开始研究的研发阶段、21 世纪后期世界各国对机电一体化有了极大关注并不断发展的阶段。目前，美国与日本作为先进技术大国，在机电一体化技术发展方面处于世界领先技术，两国均将计算机芯片制造技术、柔性制造技术、人工智能机器人等列为创新高水平研究技术，这个举措在一定程度上促进了世界对机电一体化技术的了解与研发。随着越来越多的国家加入机电一体化研究的行列之中，光学、通信技术等都与机电一体化相互融合，并且对机电一体化系统的建模设计、分析及方法都进行了深入研究。机电一体化在世界范围内得到了迅猛的发展，使得其从单机向整个制造业的集成化过渡，产品遍布各个领域，也促使一些新技术的出现，为世界科学技术水平的提高有促进作用。

从20世纪80年代开始，我国便加入世界科技发展的潮流中去，国务院随即便将机电一体化列入“863计划”。我国根据先进技术水平国家的研究成果及实际科学技术水平制定出符合自己国家机电一体化发展的研究领域及方法。我国为了更好地研究此项技术，将这一研究转成专业供许多高等院校、研究机构甚至一些大中型企业进行研究。虽然我国的机电一体化技术目前还落后于美国、日本等一些科技先进的国家，但是我国加大了对机电一体化的研究力度及经济扶持，为机电一体化技术创造很好的研究环境，终有一日我国能够达到世界发达水平，并且赶超先进国家的技术水平。

二、过程控制系统基本情况分析

（一）系统内部构造分析

过程控制系统主要包括被控过程（或对象）、用于生产过程参数检测的检测与变送仪表、控制器、执行机构、报警、保护和连锁等其他部件。其中，重点在于传感器。0级包括现场设备，如流量和温度传感器以及最终控制元件，如控制阀。1级包括工业化输入/输出（I/O）模块及其相关的分布式电子处理器。2级包括监控计算机，其将来自系统上处理器节点的信息整理并提供操作员控制屏幕。3级是生产控制水平，不直接控制过程，而是关注监控目标。4级是生产调度水平。

（二）系统使用方式分析

过程控制系统的使用方式比较灵活，既可以通过开环的方式对其加以应用，同时也可以将其用于反馈工作中。在对被控对象进行控制的时候，既可以对离散生产事件进行管控，同时也可以对连续性的事件进行管控，一些需要自动运行的装置上的定时器正是依靠这种过程控制系统被控制的，另外在对建筑电梯加以控制的时候，也可以选用这种系统。当温度传感装置所在的环境的温度比标准设定值低的时候，就可以将热源打开；当温度达到标准值的时候，可以自动地将热源关闭，这种自动控制系统并不会出现过多的测量偏差，可靠程度极高，系统中的逻辑控制器可以对装置需要的数字信息有效读取，并通过模拟输入的方式将信息录入系统之中，借助逻辑语句就可以将数字输出。以自动控制的闸门为例，如果闸门内部的水位与水箱的位置保持一致，系统就会给出标准的逻辑指令。

三、具体应用情况分析

本节以数控设备与几种常见的传感设备为例，对过程控制系统的具体应用效果进行研究。

（一）数控设备

现代数控技术水平提升速度快，现代生产工作中使用的数控机床与过去应用的数控机床不同，其不仅仅可以实现自动操控，同时机床的结构也获得优化，现代的数控机床有紧凑型、模块化以及总线式结构特点，生产厂家可以以生产需要为准来选择出合适的数控机床。在设计数控机床时，技术人员会开展开放式的设计工作，将功能模块与硬件系统进行结合式设计，将用户原有的使用效益提升。数控机床不仅可以实现常规的数控控制需要，同时还可以实现模糊控制以及诊断故障等具有智能型特点的功能。模块化的设计可以使数控需求更容易被满足，过程控制系统使控制功能更为丰富，既可以操纵一台机床完成多种任务，还可以同时控制多台机床。多级网络设定可以使机床自动完成更具复杂度的生产任务。

（二）温度传感器

这种常见的温度传感器可以将温度数据的变动转变为其他的数据，通过电压或者表盘的机械式运动来显示温度的变化，温度传感器的绝缘功能极为重要，因此技术人员可以使用玻璃纤维以及塑料来对传感器进行绝缘处理，主要是当温度变动时，会使液体出现蒸发或者膨胀的情况，传感器的加压情况也会直接在压力表中显示。当多个刚性的金属构件被连接到一个位置之后，通过加热会使金属构件被弯曲，其膨胀概率之间也存在差异。因此被安置在生产线之中的温度传感器的条带部分会被转化为细线圈的形态，可以将一端固定在表盘中，对指针进行移动或者转动，另外还需要将其另一段在底部加以固定。

（三）压力传感器

当燃料通过传感器时，可以机械地触发压力传感器。在其基本形式中，压力传感器显示连接到传感器的拨盘上的读数，但也可以将读数电子传输到 MES 应用程序。活塞压力传感器，来自生产线上的燃料的压力可以推动压缩弹簧的活塞。弹簧的运动可以指示压力。隔膜受到少量压力的影响，并在表盘上显示。当施加压力时 Bourdon 管被拉直，它可用于测量压力差。流量计是用于测量液体或气体的线性、非线性、质量或体积流量的仪器。当选择生产线的流量计时，需要了解有关流体的信息，运动速度以及如何记录流量。

（四）其他类型的传感器

流量计可以对生产之中的流量变化有效测定，当转子运动活动变得更为频繁之后，其流动速度也会加快。液压传感器在当前的生产系统之中也比较常见，当传感器被施加了一定的应力之后，液体承受的压力会增加，测量的任务就需要借助表盘才能顺利完成。应变设备的形状为圆筒，材质为金属，应用方便，当压缩施加给设备的应力时，就可以对气缸之中不断变化的电阻进行测定。测定数值极为精准，这也是过程控制系统的优势所在。过程控制系统的应用价值还有待进一步挖掘。

在使用过程控制系统之前，技术人员需要先将管控范围以及管控标准确定好，系统可以确保生产过程中的各种被控量被保持在预先给定的范围之中，从其在几种常用的具有机电一体化特点的设备之中的使用情况来观测，可以发现其不仅仅可以将生产出的产品的质量提升，同时也可以增加原有的产量，减少机电生产过程中的能源损耗量。将新型机电设备与过程控制系统结合使用，可以使机电设备达到更为优质的应用效果，技术人员还需要深入研究过程控制系统，使我国生产的机械产品具有更高的推广价值。

第二节　地质勘探中机电一体化的应用

在机电一体化技术发展中，计算机技术和微电子技术等逐渐被纳入机电一体化技术中。为了更加深入地明确机电一体化对地质勘探的价值，对地质勘探应用机电一体化的意义加以分析，探讨机电一体化在应用中的技术要点，最终分析该技术在地质勘探中的具体应用。

本节展开对地质勘探中机电一体化的应用与发展研究，其主要目的在于了解当前地质勘探的进展，以及机电一体化技术在地质勘探中的应用情况。机电一体化利用信息技术和微电子技术，实现了对该技术的创新，并充分发挥了其在工程领域中的作用。在矿产资源等开发过程中，均需要首先对地质进行勘探。在地质勘探中，常用的技术为机电一体化技术。本节通过对地质勘探中机电一体化技术的应用意义、技术要点等分析，能够为日后提高机电一体化的应用水平，奠定坚实的基础。

一、地质勘探应用机电一体化的意义分析

（一）促进地质勘探设备的多功能化和稳定性

机电一体化在地质勘探中，具有促进地质勘探设备多功能化和稳定性的作用。在促进地质勘探设备多功能方面。机电一体化技术在科学技术的普遍更新下，采用了计算机和微电子技术，上述两种先进技术的综合性应用，在一定程度上增加了地质勘探设备功能的种类，使地质勘探设备的功能增多，能够利用技术实现对地质实际情况的勘测，明确土质、土壤周围环境等，从而能够为日后地质勘探工作的有序开展奠定基础。在地质勘探中应用机电一体化技术，可以使地质勘探设备在使用时更加符合设备的综合使用性能。同时，在新的发展形势下，机电一体化的设备材料也在不断地更新，充分提高了地质勘探设备的稳定性，在机电一体化技术的支持下，保证地质勘探设备的平稳运行。

（二）提高地质勘探设备工作的精度和可操作性

伴随着“一带一路”战略的不断发展，便使经济呈现崭新的发展趋势，在此战略被提出的情况下，使经济具有积极的发展前景。“一带一路”建设承载着人们对美好生活的向往，更承载着对地质勘探开发事业的不懈追求。在以“一带一路”为契机的情况下，加强地质勘探资源领域的国际合作，共同分享资源，并进行调查评价，实现资源领域的相互促进和共同发展。机电一体化技术对于地质勘探的意义，也体现为能够提高设备工作的精度与可操作性。在提高地质勘探设备工作的精度性方面：利用微电子技术，机电一体化在应用于地质勘探工作时，能够借助数据信息和摄像技术，实现对地质勘探工作的实时性监控，对地质勘探的各项土质检测工作和环节，在动态性影像监测下，实现对地质勘探内容的了解。当发现地质勘探工作存在误差时，能够在计算机技术的支持下，及时对地质勘探设备的误差进行调整。从根本上提高了地质勘探设备工作的精度。在提高地质勘探设备的可操作性方面：在以往传统的地质勘探设备中，其常用的设备多为机械性的传动和控制装置，可操作性程度较低。机电一体化技术应用到地质勘探设备中后，包括集成电路和微处理器也得到了广泛的应用，不仅减小了设备的体积，也充分改善了设备的自动化水平，提高了可操作性。

二、机电一体化在地质勘探中的应用技术要点

（一）机械与系统整体技术

将机电一体化技术应用于地质勘探中，明确其中技术要点是十分重要的。机电一体化技术中的机械技术，是其能否发挥有效功能和作用的重要基础。在地质勘探中应用机电一体化技术时，必须要加强对机械技术的检查。明确机械技术是否能够与机电一体化技术有效结合。依据机械技术的实际情况，优化地质勘探的系统结构，对地质勘探系统化结构的稳定性与性能加以调整。通过减小地质勘探系统的体积，充分改善地质勘探系统运行的质量。在系统整体技术方面，系统整体技术是在机电一体化技术运行的前提下，从技术的系统整体性出发，利用系统性的观点，对地质勘探内容的整体加以分析，根据系统各组织的功能加以调整，充分实现对地质勘探系统结构的优化，以此实现对系统整体功能的发挥。

（二）信息处理与自动控制技术

信息处理技术在机电一体化技术中，是重要技术之一。利用信息处理技术，能够将机电一体化技术在地质勘探中采集的相关信息和数据，进行快速的传递与合理的计算。

依据计算的结果，对机电一体化系统的整体运行情况加以掌握，并输出相应的运

行指令，保证机电一体化系统能够在地质勘探工作中正常运行。此外，机电一体化设备是否运行，是直接受控制于系统命令的，在机电一体化设备运行时，信息处理技术对于信息的准确性、及时性处理，是尤为必要的。自动控制技术在应用期间，是对机电一体化系统设备各个部分进行控制的技术。此种技术能够使各部分系统有序地运行，利用最优控制、运行速度控制等，对机电一体化系统设备进行整体性控制，并依据对设备系统的综合性控制，及时掌握系统运行中存在的问题，及时提出解决方案。在对产品升级理念进行不断研究的情况下，发现其在不同的发展阶段中具有不同的发展特点。起初，对产品实行创新型升级，在对潜在需求进行了解的情况下，使产品的品质创新与外在包装具有较大程度的联系。其次，在对跟进型产品进行不断了解的情况下，使其对市场进行精确的分析，并使其成为一名跟随者的角色。进而使产品获得较大程度的升级，使机电一体化在地质勘探中具有积极的影响。

（三）机电一体化在地质勘探中的具体应用研究

机电一体化技术逐渐被广泛应用到地质勘探中，并取得了显著的成就。在地质勘探中比较常用的机电一体化设备，通常为全液压岩心钻机和瞬变电磁仪。全液压岩心钻机设备的结构相对紧凑，属于全液压驱动。在使用中，不仅能够提高设备在地质勘探中的灵活性，也具有较多的功能。在动力系统中，通过利用系统性的油缸链条，比较有效地满足了设备在运行期间所需要的动力，双马达驱动的主轴，也为地质勘探设备在实际应用中的运行，提供了比较大的高转速动力。同时，针对不同地区的地质勘探工作特点，全液压岩心钻机也能够利用桅杆前端的设置夹，降低地质勘探工作人员的工作量和工作强度。通常情况下，全液压岩心钻机在地质勘探中使用的范围较广，包括丘陵、平原和山区等多个区域。瞬变电磁仪在地质勘探工作中的应用，也较为广泛。根据对瞬变电磁仪的分析，发现其工作原理与电磁法和电法相类似。瞬变电磁仪在地质勘探中，普遍应用于勘探、地热能勘探、矿产资源勘探等。新型的瞬变电磁仪在地质勘探中，其性能明显提高。在新型瞬变电磁仪使用中，硬件与软件有效结合，可以充分降低瞬变电磁仪工作中产生的噪音，不仅降低了瞬变电磁仪的能耗，提高了其功能性，同时也能够充分提高地质勘探的工作质量。

在信息网络化时代下，科学技术得到了普遍的更新。我国能源开发地质勘探工程，借助机电一体化技术得到了快速的发展。利用机电一体化技术，能够有效掌握所要开发能源地区的地址情况，根据地质的实际状况，决定是否在该区域开发能源，或是如何开发能源。机电一体化技术在地质勘探中的作用显著，对于我国能源的可持续发展，也有重要的意义。本节在研究中主要从机械技术、系统整体技术、信息处理技术和自动控制技术等方面，重点分析机电一体化技术在地质勘探中的要点。期望通过本节关于地质勘探和机电一体化相关内容的探讨，可以为日后促进机电一体化的发展，提供宝贵的建议。

第三节 基于金属矿机械视域下机电一体化的应用

金属矿机械正处在一个向机电一体化方向发展的时代，近年来，随着国家对金属矿安全生产的重视，金属矿设备投入的不断增加，金属矿机械也处在一个更新换代的时期。

随着科学技术的不断发展，对金属矿机械的性能要求也在不断提高，电子（微电脑）控制装置在金属矿机械上的应用将更加广泛，结构将更加复杂，维护也将更加专业化。为帮助金属矿机械使用人员、维修人员、管理人员对金属矿机械中的电气与电子控制装置的功能、类别及特性有一些初步的了解和掌握，下面笔者就针对以上这些内容做一下介绍与浅述。

金属矿生产中，金属矿机械的性能自动化程度及其经济性等可以说直接影响着生产，也直接影响着金属矿供电、排水、通风、提升等的安全运行。而金属矿机械电气与电子控制系统部分质量的好坏与性能的优劣又直接影响着机械的动力性、经济性、可靠性，从而影响施工质量、生产效率及使用寿命等。电子（微电脑）控制系统已成为金属矿现代机械不可缺少的组成部分，同时也是评价金属矿现代机械技术水平的一个重要依据。随着科学技术的不断发展，以及对金属矿机电产品性能要求不断提高，电子（微电脑）控制系统在金属矿机械中所占的比重越来越大，其功能将会越来越强，应用范围也将越来越广，而其复杂程度也随之提高，这样就对使用与维修维护这些设备的金属矿工作人员提出了更高的要求，对金属矿职工的培训工作和对金属矿设备的管理工作也显得尤为重要。

一、在线监控、自动报警及故障自诊

即对金属矿机械的电动机、传动系统、工作装置、制动系统和液压系统等的在线运行状态监控，出现故障能自动报警并准确地指出故障的部位，从而改善操作员的工作条件，提高机器的工作效率，简化设备维护检查工作，降低使用维修费用，缩短停机维修时间，延长设备的使用寿命。如采金属机上变频器就采用 PLC 控制，可实现多种在线监控和故障自诊，还有金属矿用各种电器设备也越来越智能化。

二、节能降耗，提高生产效率

例如井下使用的胶带输送机、通风机、提升机等，使用变频起动、PLC 控制系统，节电量就为 30% 左右，同时生产效率也大大提高了。

三、自动化或半自动化程度的提高

金属矿机械实现自动化或半自动化控制，可以减轻操作者的劳动强度，提高生产效率，并减少因操作者的经验不足，对作业精度的影响。例如，冀中能源黄沙矿 2009 年投入使用的一整套薄金属综采设备，由我国北京天地玛珂电液控制系统有限公司与德国 MARCO 公司合作生产的 PM31 型液压支架电液控制系统，就是微电脑控制，只要在支架操作控制器上输入程序，支架使会自动连续动作，也可实现远程控制和工作面无人操作。

四、其他应用

一些国外生产的输送机、采金属机、综掘机等采用了电子（微电脑）控制的自动变速器，能够根据外负荷的变化情况自动改变传动系的传动比，从而改变功率，这不仅充分利用了电动机功率，大大提高了能耗经济性，而且也简化了操作，降低了劳动强度，提高了设备的安全性能，也提高了作业人员操作的安全性。目前我国在综合机械化采金属机上采用电子（微电脑）控制，可实现无人操作，使机械能在危险地带或人无法接近的地点进行作业，也配备了无线遥控装置，可远程遥控也可微电脑编程控制。电子（微电脑）系统的可靠性是金属矿机械非常重要的一项性能指标。由于金属矿机械一般井下作业，其直接受潮气、金属尘、通风、石块、地质变化等的侵袭，此外还受到采金属振动和冲击以及各种电、磁等的干扰，工作环境非常恶劣，因此电子（微电脑）控制系统必须满足井下性能环境要求，能在井下环境温度下可靠、稳定地工作；抗压强度高、抗老化，具有较长的使用寿命；密封性能好，能防止水分和污物的侵入；较好耐冲击和抗震性能；较强的抗干扰能力，系统能在各种干扰下可靠地工作。

为适应金属矿机械对性能的要求，仅仅依靠机械和液压技术已显得力不从心。电子（微电脑）控制技术的发展就成了金属矿机械的必要选择。机电一体化是一项新兴的技术，将其引入金属矿机械中，必将会给金属矿机械带来新的技术变革，使其各种性能有质的飞跃。

机电一体化又称机械电子工程学，是一门跨学科的综合性高技术，是由微电子技术、计算机技术、信息技术、自动控制技术、机械技术、液压技术以及其他技术相互融合而成的一门独立的交叉学科。从 70 年代中期开始机电一体化技术在国外机械上得到应用。80 年代以微电子技术为核心的高新技术的兴起，推动了机械制造技术的迅速发展，特别是随着微型计算机及微处理技术、传感与检测技术、信息处理技术等的发展及其在机械上的应用，极大地促进了金属矿机电产品的性能，使金属矿机械进入了一个飞跃的发展时期。以微电脑或微处理器为核心的电子控制系统在国外机械上的应用已相当普及，在我国也是发展的方向，已成为机械高性能的体现。

第四节　数字传感器技术在机电一体化中的应用

现阶段，对于机电一体化技术的应用发展速度非常快，技术内容也越来越成熟，对传感器技术的实际应用也在不断扩大，这是机电一体化应用的主要构成部分。本节首先对传感器的分类进行阐述，然后对其在机电一体化中的应用进行探讨，最后着重介绍数字传感器的应用。

一、传感器的分类

传感器应用主要就是在信息感知技术应用的基础上建立的，采用信息感知技术的有效应用，将传感器的应用效果体现出来，因为传感器在实际的应用当中，其自身的技术感知有着不同，需要对实际的传感器种类进行明确，这样才能够在对传感器技术的应用中，根据传感器技术种类进行相应技术应用要点的对应。通常，传感器设计需要按照不同的设计要求和设计技术应用，所产生的传感器技术应用方式也不同。具体的分类主要有以下几点：

第一，根据传感器能量转化原则，其主要分为能量转化和能量控制传感器，在实际应用中，主要采用对能量转化实现控制，以此确保能量转化控制当中的相关技术合理应用。第二，根据所测的参量进行制造区分的设计，对于其主要可以分为三种，即物性参量、机械量参量以及热工参量控制。第三，根据传感器生产材料的不同，对于其主要可以分为晶体结构和物理结构。在实际的应用当中，主要是根据其应用当中不同的技术来选择，在对技术应用控制分析当中，需要能够根据技术应用要求对相应的技术要点进行选择，采用对技术要点的优化，将技术应用能力提升。

二、机电一体化系统中传感器技术的应用分析

（一）传感器技术在工业机器人中的应用分析

在当前复杂的环境当中对工业机器人的作用有效地体现出来，在工业自动化生产当中，工业机器人是非常重要的技术之一。在工业机器人当中应用传感器技术可以将工业生产的灵活性提升，同时对于机器人的适应能力能够很好地提升。在工业机器人当中对传感器技术的具体应用主要表现在第一，机器人的视觉传感器应用，这主要就是给机器人进行相应视觉系统的增设，采用传感器技术对机械零部件进行识别，对零

件的具体位置准确辨别；对机器人进行视觉装置的安装，可以使得机器人在对一些危险材料运输和道路情况以及导航工作中能够很好的支撑。第二，机器人自身的触觉传感器，可以起到对机械手进行触摸的作用，采用视觉和触觉传感器，可以对一些详细的参数进行明确，以此来提升工业生产的准确性。

（二）传感器技术在数控机床中的应用

在当前的机械制造生产当中，最为主要的就是数控机床技术，其和当前的机械制造生产自动化设备有着直接的联系，在装备制造行业的发展中有着很好的应用。数控机床当中对传感器技术有着很好的应用，可以对一些数控机床来对相关的参数进行自动化测量。第一，传感器主要在数控机床温度检测中应用，在对工件加工当中，往往会产生一定的热量，由于每一个部位的热量分布不是很均匀，相应的热量差会对数控机床有着很大的影响，并且会对工件加工准确性产生影响。第二，在机床压力检测当中对于传感器技术的有效应用，这主要就是应对一些工件夹紧力信号的检测，并且可以对控制系统进行相应预警信号的传输，从而将走道降低。除此之外，传感器技术还可以对机床的切削力变化状态实现感应。

（三）传感器技术在汽车控制系统中的应用

汽车的制造以及正常行驶是人们所重视的主要内容，在汽车的控制系统当中将传感器技术进行应用，以此使得汽车实现自动化变速以及自动制动抱死，从而提升汽车性能。对于新型的传感器技术的合理应用，可以改善汽车性能，将汽车的油耗量以及尾气排放降低，从而为人们带来人性的服务。

3 Σ - △型莱姆开环数字输出电流传感器

Σ - △型 A/D 转换器基于过采样 Σ - △调制和数字滤波，利用比奈奎斯特采样频率大得多的采样频率得到一系列粗糙量化数据，并由后续的数字抽取器计算出模拟信号所对应的低采样频率的高分辨率数字信号。其表现出的优点是元件匹配精度要求低，电路组成以数字电路为主，能有效地用速度换取分辨率，无须微调工艺就可获得较高位数的分辨率，制作成本低，适合于标准 CMOS 单片集成技术。

设备需要使用一个数字滤波器来处理比特流。其优点是接口简单，而且设备可以选择和定义滤波器，以便输出格式适用具体的应用和匹配系统的需求。

对一个给定的比特流，用户可以采用几个不同的滤波器。例如，为实现“电流环”功能：如果采用 sinc3 滤波器、512 的过采样率 (OSR)，则可得到有效分辨率为 12 位，带宽为 5.5kHz 的信号。同样的，为实现“超限检测”功能，如果采用 sinc2 滤波器、16 的 OSR，对应相同的比特流则可得到分辨率为 6 位，5.5 μ s 响应时间的信号。另外，为了提高设备的安全性，HO 系列传感器还具有过流检测 (OCD) 功能，它可以在 A/D 变换器前级检测过流信号，并给出相应的输出值，使系统快速启动保护电路，得到保护目的。OCD的响应时间为2us。

总而言之，随着当前科学技术的不断发展，机电一体化的发展也非常快，逐渐地融入到我们的生活和生产当中。传感器技术作为机电一体化的主要技术也得到了很好的应用，我们相信，在未来的传感器技术发展中，其会逐渐朝向更好的方向发展，并且为人们的工作和生活带来更多的帮助。

第五节　机电一体化技术在电力行业中的应用

随着我国机电一体化专业的不断提高，已经应用在了很多的领域。在我国的电力系统中，机电设备的逐渐增加，也给机电一体化和电力系统的结合带来了新的契机。本节主要叙述一下机电一体化在电力系统中的主要作用和实际应用。

随着我国电力系统的不断发展，已经基本解决了用电困难的问题，接下来就是如何有效地调节电力资源和使用电力设备，提高电力资源的使用效率。而机电一体化技术在电力系统中就得到了广泛的应用，提高了电力系统的运行稳定性和安全性。

随着信息技术的快速发展，电力系统的设备得到了很大提高。电力系统未来的发展将会是智能化和全自动化的模式，推动这一发展的主要技术就是机电一体化。机电一体化就是通过不断提高电力系统中各个设备的运营性能和使用可靠性，通过个别零配件性能的升级改造，从而达到提升电力设备整体的性能，提高电力系统的运行效率。

我国的电力系统发展得虽然是比较快的，但是突出的问题也是不少的。由于我国地域广袤，电力资源分布不是很均衡，为了尽可能地调动电力资源，国家电网部门耗费了巨额的资金，来调控我国电力资源，使电力资源能够得到有效的利用。在电力系统中还有一个突出的问题，就是电力设备的分布不均衡，主要体现在城市和农村之间，由于城市的人口比较集中，用电区域也比较集中，在电力建设时投入了很多的先进设备。相反的农村居民的集中性不强，居住的区域比较分散，在电力系统建设的过程中，没有使用较为先进电力设备，导致了农村用电效率的低下。在机电设备的不断帮助下，相信我国的电力系统将会发展得更好。

一、机电一体化建设在电力系统中的作用分析

（一）电气设备的建设

在电力系统中机电设备随处可见，在电力系统中最主要的电力设备就是发电机、变压器、输电设备等，机电一体化的作用就是将所有的设备进行整体性能的提高和维修，这样比单个提升一个电力设备的作用要更有效。在发电机将其他的资源转换为电

力的时候，需要机电设备的帮助。发电机然后将发电机发出的电力输送到变压器中，在变压器的调控后，可以将电力资源转化为超高压的电力资源，在通过输电设备将电力资源输送到各个需要电力的区域。在整个电力转化的过程中，机电设备成为重要的角色，没有性能优秀的机电设备的帮助，根本就不能保障电力系统的运营安全。同时机电设备性能的提高，也推动着电力系统的稳步发展。

（二）机电一体化在电力中的主导作用

1. 建立稳定的电力传输系统

电力系统是一个复杂的国家性工程，在电力系统的运营过程中会受很多不确定因素的影响。电力系统在运行过程中要涉及能源的转化、电力的储存、电压的转化、电力的输送、电力的减压、电力向用电器，等等，这些都是在电力系统运行过程中的主要工作程序。电力系统的运行还离不开基本的维修保障，在电力保障的工作中包括电力设备的检修、电网的修复、电力故障的判断，等等，每一个环节都关系着电力系统的运行安全。

机电设备在电力系统中应用，可以有效提高电力系统中各个设备的使用安全性，通过提高机电设备的性能，从而保证电力系统各个设备的使用性能，从而建立起稳定可靠的电力传输系统。

2. 自动化监控系统

由于电力系统的不断发展，越来越多的自动化设备和智能设备应用在电力系统中，为电力系统的运营节省了一笔很大的资金。在电力系统中应用的机电设备也同样可以达到自动化监控的目的，通过引进机电设备，不仅可以实时地对电力系统中的安全进行监控，同时在运营过程中出现任何的故障，机电设备都可以第一时间为人们做出报警，并自动查找出出现故障的实际位置。通过机电设备的使用在电力检修、运营监控的工作中可以节省出很大的一笔人力支出，还提高了故障维修的工作效率。

3. 提高了电力系统的自动化供电管理

随着电力自动化管理的不断推广，很多的用电区域已经实现了电力自动化管理的模式。通过机电设备的不断建设，我们可以不断完善电力自动管理模式的运营漏洞。在今后的电力系统运行系统中，将采取全自动人工智能的运行方式，在电力的调控，设备的安全检修、故障点的报警、电费的收取、电网的维护，都将采取自动化的管理模式，不仅极大地提高了电力系统的运行效率，也节省了对电力运营的资金投入。

在机电设备的支持下，工作人员足不出户，就可以通过计算机对电力系统运行的实时情况有一个全面的掌握，不仅可以监控到区域的用电高峰和低谷，还可以对电力输送过程中是否出现电力损耗的情况，对变压器进行检测看是否有局部单位放电的情况出现，这样一个人就可以完成十几个人工作，提高了电力自动化管理的运行效率，从而提高了电力系统的运营效率。

二、机电一体化在电力系统中应用的实际效果

（一）整体应用水平的提高

机电一体化主要是电力系统中的主要核心设备，每一项设备的性能提高都预示着电力运营系统性能的整体提升。通过机电设备替换的电力自动化管理系统，可以有效降低电力调控中出现的错误率，提高电力管理的工作效率。还有就是利用机电设备可以稳定变压器的输出电压，这样就可以有效避免变压器的损失。通过每一个机电设备在性能方面的提高，从而将电力系统中设备的应用水平得到整体的提高。

（二）电力系统中的技术应用

在电力系统中引入先进的机电设备和相关的技术，可以有效地改善电力系统运营过程中出现的电力分配不均衡的情况。机电设备通过计算机电脑端的快速计算，我们就可以得到一份详细的数据报告，得出在那一片区域需要多少的电力供应，这样在机电设备自动调节的过程中，就解决了电力分配不均衡的情况。还有就是电力系统运营系统中安全监督的工作，过去是由人工进行巡视，不仅耗时耗力，并且工作效率不高，随着机电设备的引进，就可以实现自动化监控的工作模式。

综上所述，在我国电力系统运行过程中机电设备发挥着重要的作用，不仅在电力资源利用率方面有很大的提高，并且机电一体化技术在电力系统中的应用，也实现了全自动化的电力管理和电力运营系统的自动监控。

第六节　电工新技术在机电一体化中的应用

近年来，随着科技的发展和进步，各个领域都受到了一定的影响，给人们的生活带来了全新的体验和经历，进一步促进了社会的进步和发展。当然，电工技术也在发展和进步，电工新技术的出现和发展对电工技术提出了新的要求和挑战，其在机电一体化系统中的应用更是引起了各个相关领域的关注，它的每一次创造和突破都能引起全球范围内的瞩目和热议。本节主要针对电工新技术在机电一体化系统中的具体引用做详细的探讨，为电工新技术的发展提供借鉴。

电工新技术是在电工技术的基础上发展起来的新型电工技术。目前在市场上具有广阔的应用前景。尤其是它在机电一体化系统中的应用更是促进产生了一系列不同种类的机电一体化新产品，为机电一体化行业的进步提供了巨大的驱动力。另外，电工新技术在机电一体化系统中的应用不仅能够改善产品生产的环境，提升产品生产的工

作效率，还能够有效地降低能源的消耗，实现产品生产节能环保的目标。下面笔者将针对各个新技术探讨它在机电一体化系统中的应用。

一、电工新技术概述、作用和发展趋势

（一）电工新技术的概述和作用

电工新技术是在传统的电工技术的基础上不断地发展和进步，结合新时代背景下的各种新能源、新材料、新工艺，结合正确的理论、知识于一体的电工技术。其运用自身的特点创造出了很多以方便日常生活为目的的新产品，给人们的生活带来了很多便利，解放了社会生产力，促进了国民经济的不断增长和发展，是 21 世纪最有生命力和活力的技术之一。

（二）电工新技术未来的发展趋势

电工新技术是一种新型的电工技术，其不仅吸收了传统电工技术的生物电磁学理论、电磁流体力学理论等物理理论，还融会贯通了电磁诊断、放电应用和磁流体发电等技术，更是在 21 世纪的今天，借鉴网络科技、生物科技、纳米科技等各个领域的先进力量，把握机遇，迎接挑战，不断地发展与完善，将电工技术带向一个新的高度。

二、电工新技术在机电一体化中的具体应用

在目前的生产实践中，电工新技术得到了广泛的实践和应用，在机电一体化系统中更是有不俗的表现，给机电一体化系统注入了生机和活力，如在生产中经常见到的运动控制卡、自动监控和触摸屏等技术。

（一）自动控制技术

自动控制技术是电工新技术的一个重要的应用。自动控制技术是 20 世纪到 21 世纪最重要的科学技术之一。它被广泛地应用于一些机器人技术、航天工程、军事技术、综合管理技术等高科技领域。自动控制技术是以自动控制系统为研究对象，将其放置于机电一体化系统内部进行应用，在完成一些人不可为的、精度等级高的任务过程中测量各种机电装置的运行状况和信息状况，通过对数据的分析精确推断出设备的偏差，并及时地采取相应的措施解决问题，将设备偏差出现的概率降到最低。这一技术的应用大大降低了机电一体化装置的出错率，提高机电一体化装置的精准度、稳定性和快速性等。另外，随着科技的进步，人们对机电一体化装置的精确度和可靠度有了新的要求，机电一体化产品的内部控制系统也有新的挑战和突破。从传统的使用积分或比例控制器到现在的全闭环数字式伺服系统，自动控制技术不断进步、成熟，使自动控制技术在机电一体化中的地位和作用不断提高，在满足机电一体化系统要求的前提下，

不断提升装置的控制精度，为机电一体化自动控制和调节目标的实现打下了良好的基础，做好了技术层面的准备。

（二）PC 应用

PC 实际上是一种可以进行编程的控制器，主要针对工业的控制设备。它既能够进行计算机的控制功能，也能进行通信，在生产中的自动控制环节得到了广泛的应用。目前，PC 功能在传统功能的基础上又得到了扩展，随着集成电路的发展，PC 在对生产过程进行控制，在通信的基础上增添了自动化控制和计算机科技等功能，在自动化控制中的应用也不断提升。另外，PC 在使用使对环境的要求不高，体积较小，易于与其他的装置进行连接，可以通过改变编程的内容改变 PC 的功能，而且有较高的可靠性，适用性范围广。与传统的 PC 系统相比，新型的 PC 能够实时进行控制，也可以根据用户需要进行随意的修改，十分便利。

（三）运动控制卡的具体应用

运动控制卡是一种基于 PC 机及工业 PC 机，用于各种运动控制场合（包括位移、速度、加速度等）的上位控制单元，能够进行脉冲输出、脉冲计数、数字输入、数字输出、D/A 输出等功能。运动控制卡能够满足新型数控系统的标准化、柔性、开放性等要求，运动控制卡到使用可以充分发挥 PC 机的作用，应用运动控制器可以使工业设备、国防装备、智能医疗装置等设备的自动化控制系统更加的完善和可靠。可见，运动控制卡在运动控制场合应用的重要性。

总而言之，电工新技术在机电一体化系统中发挥了重要的作用。对机电一体化行业的发展和进步以及机电一体化产品的广泛应用做出了重要的贡献。电工新技术具有独特的作用和特点，为机电一体化提供了很多有利的条件，不断地提升了机电一体化装置的安全性、可靠性、精确性和稳定性。可见，电工新技术在机电一体化系统中的重要性。为此，机电一体化行业的相关人员一定要明确电工新技术的重要性，不断地突破和挑战，对其进行改造和完善，切实发挥出电工新技术的作用，促进整个行业的发展和进步。

第七节　机电一体化对现代工程施工的影响及应用

如今在各个工程领域，机电一体化技术被广泛运用，本节重点分析机电一体化技术在建筑工程领域的运用，首先阐述了其影响，随后分析了具体应用过程，通过简明分析，旨在进一步提高认识，以助力机电一体化技术更好地在现代工程施工中的运用，在提高工程施工质量的同时，也进一步落实安全生产，为现代化建筑施工提供科学保证。

在建筑工程中，机电一体化技术运用十分常见，尤其一些机械设备中，采用了机电一体化技术，实现了工作的高效性，同时也提高了设备的稳定性。机电一体化对于施工来说，具有一定的现实作用，所以相关研究人员，要充分结合具体建筑施工实际，从具体实践入手，积极有效地总结机电一体化技术的合理应用，以此不断创新发展，助力工程顺利开展，保证其实际的应用价值，具体分析如下：

一、机电一体化在工程施工中的影响

（1）提高了施工工艺。随着经济的发展，人们的生活水平有了显著的提高。对现代建筑的要求也有了提高，不再仅仅满足于过去御寒的基本要求，而是在此基础上，更加注重房屋建筑的环保性能、舒适性、采光性等多方面的高品质要求，机电一体化技术的应用就能够满足人们对房屋建筑的高品质要求。由于机电一体化操作起来在很大程度上符合人们的思维方式，建造出的建筑物也比较美观。

（2）提高工程的准确度和速度。由于机电一体化综合了各方面的工程技术，并实现机械自动化，其在施工过程中的应用有效地提高了施工的效率，节省了施工时间，缩短了工期，减少了因为延误工期而赔偿的费用；运用了机电一体化的设备操作起来更加灵活，施工单位不用花费时间和成本去培养专门的设备操作人员；机电一体化的运用让机械设备的操作结果更加精准，减少了与设计图纸之间的误差，提高了工程的质量。

（3）机电一体化技术大都实现了自动化或者半自动化，加上其中计算机技术的应用，机械设备在施工现场的监测过程中，如果发现施工人员或者施工技术出现了问题，能够启动自动报警功能，这样一来，能够有效地减少施工人员的危险和减少施工过程中的质量问题。

（4）机电一体化之所以能够提高工程的施工效率是因为在使用了机电一体化技术后，减少了对施工材料、能源的损耗，加上其操作技术快，二者都促进了机电一体化高效率的性质。机电一体化能够减少施工过程中施工材料的损耗，既节约了成本也保护了环境。同时随着机电一体化技术的发展，新型环保型建筑材料也得到了发展，被广泛应用于工程中，减少了对环境的污染，实现了经济的可持续发展。

二、建筑施工中常使用到的机电一体化技术

（一）直流与交流接地应用

直流与交流的工作接地在建筑中的应用要实现自动一体化，直流电的接地主要考虑到建筑中的大型设备，要求具有稳定的电流和准确度高的数据，以便满足信息的大量传输，保证能量的转换。而交流电的接地主要是将变压器中性点或者是中性线进行

接地，在这需要注意不能造成与其他接地系统的混接。直流与交流接地需要充分地运用电气自动一体化系统，保证建筑应用中的安全性和质量。

（二）电气接地的应用

在建筑供配电的设计中，接地系统具有重要的作用，它关系着整个供电系统的安全性和可靠性。近几年来，随着技术的进步，电气自动一体化技术逐渐应用在建筑中，目前的电气接地主要有两种方式，即 TN-S 系统和 TN-C-S 系统，这两种系统在电气接地中被广泛地应用，对于建筑接地工程的进行具有重要的意义。

（三）安全保护接地应用

在建筑中，有很多弱电设备、强电设备以及非带电导电设备的存在，这就需要在建筑施工中需要有安全保障措施，否则当设备的绝缘体出现故障时就会导致安全隐患的发生。因此在建筑中必须采用安全保护接地设施，运用电气自动一体化技术，将电气设备中不带电的技术部分和接地体之间用金属进行链接，同时将保护地线和建筑中的电气设备进行链接，并进行智能的监控，充分利用安全保护接地技术，将电气自动一体化具体应用在建筑中，保障建筑的安全。

（四）防雷接地的应用

建筑中有大量的电力设备和复杂的线路分布，如自动报警装置、通信设备系统以及火警预警系统，这些系统都会有各自的线路分布，并且一般都是耐压等级低的线路，当遭遇雷击时很可能会发生安全事故，这就需要在建筑中运用电气自动一体化系统进行防雷接地设置，并充分运用这一系统实现监督控制，建立起建筑严密和完整的防雷系统结构。

（五）屏蔽接地与防静电接地应用

建筑中大部分都需要安装防电磁干扰的程序设备，这就需要采用屏蔽系统或者运用正确的接地手段防止电磁干扰。利用电气自动一体化技术，将屏蔽设备外壳与保护接地进行链接，并实现全程的自动化设置和监控管理，保证整个环节都能够实现自能和安全的保障。除此之外，还需要对建筑内进行防静电工作，利用自动化系统完成静电清除。

三、机电一体化在建筑中的应用

（一）在建筑材料中的应用

当前在我国对一切施工建设的要求规格不断提高，而且对建筑材料的生产的要求更是严格，这就意味着，对施工单位的选择首先就是要考虑机电一体化的技术标准，因为机电一体化技术是一项综合性很强的技术，它的高质量、多功能等特点都对建筑材料的生产有着非常重要的作用。除此之外，材料的级配控制对目前建筑质量影响非常重要，如果级配控制出现错误则必然会使得建筑工程的使用寿命降低，还会存在严重的安全隐患，机电一体化技术可以帮助完成级配的完美控制，使得其误差能够降到最小。

（二）监控作用

对于工程机械而言，机电一体化技术的应用将设备系统的全程、动态电子监控变成现实，一旦出现运行故障将会立即发出警报，以此来警示工作人员。有些更加进步的机电一体化可自发清除系统故障，及时修复，保证工程机械的正常运转，进而降低机械故障对正常生产的影响，同时避免了人们居住的建筑物存在的安全隐患。

（三）节能作用

在原有的工程机械工作过程中，为保证机械的正常运转，需要消耗庞大的能源，这主要是因为工程机械大部分情况超载运行或者根本没有达到额定功率，做了许多无用功。而机电一体化的应用可较好地改善这一问题，它能适当调节施工功率，具有节能作用，节省了较多的资源。

总之，在建筑工程施工过程中，机电一体化的采用具有积极作用，不仅影响施工进度，还提高了施工的质量。具体来讲，其改变了机械面貌与性能，提高了施工设备的运行效率，这对于现代工程的高效开展有这必要作用，因此，在机电一体化技术广泛运用的今天，需要更多的技术人员，不断提高管理能力，重视技术创新，使机电一体化技术更有效地推动建筑工程施工建设与发展。

第八节 机电一体化技术在汽车设计中的应用

现阶段，随着汽车设计的不断优化，汽车的性能也在不断提升，机电一体化技术作为汽车设计中运用比较普遍的技术之一，对于提升汽车性能，优化汽车设计等都具有重要作业用。本节分析了汽车设计中的机电一体化技术应用意义，分析目前机电一体化技术在汽车设计中应用的不足，并探究有效应用机电一体化技术优化汽车设计，推动汽车智能化发展的有效路径。

一、汽车设计中的机电一体化技术应用意义

就目前机电一体化技术在汽车设计中的应用实践来看，机电一体化技术在汽车设计领域的应用主要包括传感器技术、伺服系统技术、自动控制系统技术、精密机械技术、检测技术、信息处理技术等众多看领域，在汽车设计中有效地应用机电一体化技术，

能够有效完善汽车各部位的设计，完善汽车的功能，实现汽车动力系统灵活性的调节和技术的不断改进，还能够有效地减少造成的汽车损耗，延迟汽车使用年限，推动现代汽车不断走向智能化发展方向。可见，机电一体化技术在汽车设计中的应用具有重要意义。

二、目前机电一体化技术在汽车设计应用中存在的问题

（一）机电一体化技术设备老旧

就汽车制造业来说，我国在汽车制造领域应用机电一体化技术的经验不足，起步较晚，技术的应用发展还不够成熟。在汽车制造生产中，企业对于机电一体化技术设备对于信用和操作往往缺乏规范和要求，造成机电一体化技术应用不科学、使用效率低、效果差等问题的出现，加上很多汽车制造商在机电一体化技术应用中往往存在设备更新慢、设备老旧的现象，导致最新的机电一体化技术不能及时应用普及，不利于生产工艺和生产效率的提升。

（二）汽车设计理念落后

在进行汽车设计的过程中，一些汽车制造商将更多的关注点放在汽车的品牌和外观创新上，模仿一些大牌汽车的造型，在设计中突出个性化，但是对于汽车真正的使用性能设计优化上所做的努力严重不足。汽车设计中忽视机电一体化技术多应用，没有探索将机电一体化技术应用到更多的汽车设计环节中，导致机电一体化技术在汽车设计中的应用有限，没有真正地发挥机电一体化技术带来的积极作用。

（三）汽车设计技术人员自身水平不足

在汽车设计中，整体的设计队伍对于机电一体化技术的了解和应用程度有限，他们了解的机电一体化技术更多的是在现有的机电一体化设备基础上的，对于一些正在开发研究中的汽车机电一体化技术很少了解，有的根本不关心，整体设计人员的机电一体化认识度低，应用水平自然也很难提升。

三、将机电一体化技术有效应用于汽车设计的途径

（一）强化机电一体化技术设计理念，提升思想认识

现阶段，人们对于汽车消费的要求正在不断提高，汽车成为人们追求个性、彰显身份的一种工具，而在大部分消费者心中，更关注的仍然是汽车的性能和使用的体验，因此汽车设计中要强化机电一体化技术概念，提升设计人员对于机电一体化技术的认识。企业要注重抓思路创新促队伍素质提升。专门成立机电一体化人才培养小组，对具有潜质的对象开展“一对一”培养，为人才队伍建设夯实根基。聚焦机电一体化人

才建设新动向，着力培养机电设计综合型人才，以“电学机、机学电”的多方向创新培养模式代替“机是机、电是电”的传统路径，促进队伍综合素质提升。抓教育培训促设计队伍能力提高，组织人员集中学习电器和机械相关可视化教材、一点课、维修手册等课件，在学习中引导人员了解掌握设备原理和设计知识，做到相关知识内化于心。启动开展“机与电”人员座谈交流活动，引导员工通过QQ、微信、展板等方式交流经验、畅聊技巧。督促人员考取相关的特种作业证和职业技能等级证书，引导维修人员精准掌握“电会机、机会电”的设计和技能。还要注重抓体系完善促队伍管理规范。以人才队伍建设为指导，通过制定管理制度、撰写培养教案、培训知识考评方案等，健全汽车设计人员管理体系，完善人员培训管理办法，推动汽车设计综合型人才建设。

（二）注重新技术设计应用

现阶段，汽车制造正在不断走向智能化、自动化，越来越多的机电一体化技术创新带来了汽车设计领域的革新。作为汽车设计人员，要善于把握市场的这种技术发展动向，积极把握机电一体化技术市场的变化趋势，掌握最新的汽车机电一体化技术设计成果，在现有的企业机电一体化设计的基础上，不断探索新的技术应用路径，分析将创新的机电一体化技术应用于汽车设计的有效路径，在可行性的基础上，运用机电一体化技术，提升设计的技术含量和水平。目前，麦格纳正在利用机电一体化研发电动举升门，在业内首次把这项广受欢迎的便捷功能应用在道奇凯领厢式旅行车。现在，他们提供升级后的尾门技术，包括基于传感器检测用户行为从而开关尾门的系统。凭借机电一体化，这种技术应用具有得天独厚的优势，足以应对诸如车辆电动化、轻量化、汽车安全等挑战，通过智能产品帮助实现自动驾驶。麦格纳的工程师携手进行机械与电子系统互通的合作，在研发新的车门技术时，就已经在考虑手势识别和生物鉴别扫描。他们的工作可能会改变未来驾乘者上下车的方式，机电一体化为创新技术开发提供助力。这一切都旨在将炫酷的技术运用到汽车上，从而使生活更便捷、更舒适。

机电一体化技术在汽车设计中的应用对于提升汽车的设计效果和使用性能来说都具有重要作用，必须要保持设计理念的与时俱进，及时把握机电一体化技术的发展动向，探索将机电一体化技术应用到汽车设计的更多环节中，促进汽车智能化生产设计目标的实现。

第九章　机电设备自动化控制实践应用研究

第一节　机电自动化中 PLC 控制技术的应用

在工程中，通过机电自动化技术对设备进行自动化控制，可以有效地提高机电设备的生产效率，机电设备运行的可靠性、连续性与安全性也得到了极大的提升。作为一种先进的控制技术，PIC 技术在机电自动化控制环节发挥着十分关键的作用。所以，相关企业要不断强化对 PLC 控制技术的研究与应用，进而有效提升机电自动化控制水平。鉴于此，本节首先对机电自动化技术的发展现状行了分析，然后对 PLC 技术在机电工程自动化中的应用与发展措施进行了研究，以供参考。

一、机电自动化技术的发展现状

PLC 是一种将计算机技术与机电自动化控制集成在一起的技术。通过逻辑编程，可以改变机电设备的作用，实现机电设备的运行。当 PLC 电气控制技术进行逻辑编程时，代码将被自动存储，计算系统将对程序进行计算，从而实现对机器的自动控制。PLC 电子设备通常具有多个接口，机电设备通过这些接口与电子设备连接，以确保机械和电气功能的自动运行。与西方发达国家相比，我国的机电自动化技术起步较晚，所以还存在很大的进步空间。同时，自动化技术在中国的机电相关领域还没有得到很好的应用。另外，中国机械技术的发展相对缓慢，而自动化和机械化作为中国机电自动化的两个方向，与机械技术未能很好地结合。由于中国机械技术的发展较晚，在短短的发展过程中，尽管这些技术人员不断努力和探索，但与其他发达国家的机械技术相比，仍难以追赶。另外，尽管中国的机电自动化技术在不断改进和创新，但是随着时代的不断发展，我国的科研人员还需继续加强对机电工程自动化技术的研究，进而满足当前社会对机电工程的应用需求。

二、PLC 技术在电气工程自动化控制中的应用

（一）顺序控制

顺序控制是 PLC 技术的主要功能之一，在电厂的电气自动化控制工作中，PLC 技术可以通过顺序控制对类似灰和炉渣等杂质进行清理，提升设备的运行质量。为了有效发挥顺序控制功能的最大能效，相关工作人员需要强化对自动控制系统的完善与整合，保证操作的规范性，进而促进生产工作的有序开展。

（二）开关量的控制

除顺序控制功能外，PLC 技术还具有数据存储和编程功能，其在电气控制环节也发挥着虚拟继电器的作用。虚拟继电器可以有效提升设备的反应速度；同时，通过 PLC 技术和自动切换系统的结合应用，还可以对设备的开关量进行准确的自动控制，进而发挥自动化控制系统的最大功能。

（三）继电器控制

电磁继电器是传统变电站和发电厂中最重要的组件。但是，大量电磁继电器的使用不能保证系统的安全性和稳定性，这会占用大量空间并增加接线维护的难度。PLC 技术在继电器控制中的应用简化了继电器系统的二次布线，也就是说，PLC 虚拟组件取代了电气控制中的原始逻辑电路组件，这意味着无须配备闪光灯电源。传统继电器需要在控制过程中反复调整硬件设施。PLC 技术可以减少操作错误，而无须设置程序项目。

三、PLC 技术在电气自动化中的应用

PLC 技术在电气自动化控制中的实际应用首先体现在煤炭生产中，在进行煤矿开采时，矿井运输系统的分布点线范围较广，在煤炭生产现场把 PLC 技术装载机当作主要的控制元件，能够将多台 PLC 相连并形成一个较为完善的数据传输网络，实现不同规模的控制，通过系统的监控功能，建立起煤矿运输环节的监控系统。其次，在中央空调中 PLC 技术也被广泛应用。PLC 技术具有较强的自动化控制和抗干扰性能，所以其在中央空调的自动温控与风量调节中发挥着重要作用。同时，在中央空调中应用自动化控制技术也可以有效实现空调系统的节能减排，进而提升能源的利用率、降低环境污染问题。最后，在交通系统中的应用。伴随着我国城市化进程的持续推进以及人们生活水平的提高，我国的汽车保有量也在飞速提升，这就对道路交通带来了较大压力，交通信号灯系统是道路交通中不可或缺的重要设施，因为 PLC 控制器具备非常强的环境适应能力并且其内部具有定时器资源，将 PLC 自动控制技术应用于信号灯系统中，可以根据道路车流量对信号灯时长进行灵活调整，进而保证道路交通的畅通。

四、PLC 控制系统解析

在实际工作中，机电设备的自动控制功能是通过计数功能、定时功能、逻辑执行功能、继电器功能、电气设备的开合、功率大小等组合来实现的。在 PLC 系统的开发中，系统循环工作。程序调试后，可以使用编程器再次扫描并将其存储在内存中。PLC 设备的输出模块通过各种端口连接到外部设备和受控组件的输出端，输入信号连接到输入模块和输入端。技术人员通过输入端选择 PLC 的工作程序，并由中央处理器对程序进行处理，然后将输出模块输入受控原件，以使机电设备在指令下工作。系统的输入和输出组件，算术单元和控制器构成了数据交换的接口组件。对于受控的机电设备，它将受到实际工作环境的影响。为了提高其抗干扰能力，必须加强输入和输出组件以及各种外部端口和接口。

五、PLC 控制技术优化机电设备的运行

随着科学技术的进步，中国的机电自动化技术和控制水平得到了极大的提高。纵观中国机电行业的现状，使用 PLC 控制技术进行机电控制已广泛地用于大型机电设备中。采用 PLC 控制技术可以实现机电设备的实时保护，有效地保障了企业安全和生产。机电自动化作为一项综合技术，也是中国现代化的象征，对我国的发展具有重要意义。相关企业若要实现自身发展，提高生产效率，就应该更加重视机电自动化技术，并不断增加机电自动化技术的研究和应用。

（一）遥控器有利于机电工程项目的发展

机电设备的构造始终取决于人类的操作。在传统的手动操作中，无论何种类型的机电设备通常是在机电系统的控制台中进行操作，同时也使用遥控杆进行短距离操作。PLC 控制技术实现了人机对机电设备的远程控制，可以减少工作环境对技术人员的影响，大大提高了机电设备的利用率。设备的施工效率也充分保证了施工人员的安全。例如，对于复杂环境中的某些工程项目，可以通过 PLC 控制技术对机电设备进行远程控制。各种监视和传感设备也可以安装在机电设备中，以提供有关施工工作的实时反馈。这样，技术人员可以通过反馈信息及时处理困难情况，并输入新的指令，实现对机电设备的远程控制。因此，可以在机电设备中安装各种定位元件，并且可以移动某些定位技术。因此，在特定构造中可以远程控制机电设备的构造路线和方向。

（二）实时反馈机电工作信息可加强安全保障

在机电设备工作过程中，确保安全生产放在首位，PLC 控制技术在机电设备中的应用可以对施工中的机电设备进行全面监控，技术人员可以获得在控制台上实时反馈

机电设备信息，并在各种危险情况下自行发布警告信息，以确保工作得以顺利进行。该项目可以提前撤离人员，充分保证施工安全。

（三）科学的 PLC 系统设计可以提高工程效率

在实际生产中，机电设备的应用范围非常广泛，用于 PLC 自动控制的机电设备可以实现全电脑控制，但这需要员工具备更高的专业知识，不仅要掌握操作知识机电控制设备，还要具备相应的信息技术知识。在自动控制下的机电设备操作和应用中，技术人员可以通过说明合理的操作机电设备工作模式。通过中央控制将不同类型的机电设备关联和组合，优化并计算出最佳方案。然后，通过输入系统发送工作指令，使机电设备产生联动配合，从而可以保证工程效率的提高。

六、PLC 技术在我国电气工程自动化控制过程中的完善举措

（一）进一步加快研究速度

为了进一步促进我国 PLC 技术的发展并充分发挥其功能，第一个措施是相关人员必须在实际工作中，加强对电气工程自动化控制的分析。分析结果，应改进 PLC。对该技术的相关功能进一步研究和优化，以拓宽其应用范围。

（二）大力培养相关设计人员

一线的工作人员决定着电气工程自动化控制工作的整体质量，所以，相关部门要注重提升工作人员的综合素养。企业要主动对员工的定期培训，聘请高水平讲师与高级技术人员对员工进行职业技能与职业素养的培训。此外，企业还可以将员工的培训工作与考核制度相结合，将员工的工作状态与技术水平纳入考核标准，并结合相应的奖惩措施。对于技术过硬且工作能力突出的员工予以一定的奖励，对于技术水平不达标且工作消极的员工予以相应的惩罚。以此激励员工主动参与学习，进而提升工作质量与工作效率。

随着我国工程项目建设要求的提高，对机电自动化的技术要求也越来越高。机电一体化是必然趋势。在施工中，必须保证机电控制与信息技术的融合，以提高机电设备的精度和效率，确保高质量的工程效果，从而进一步完善 PLC 控制系统的系统。随着 Internet 技术和信息技术的成熟，PLC 控制系统技术将继续保持其安全性、稳定性和可靠性的优势，其在机电自动化控制领域的应用将得到进一步的深入。

第二节　矿山机电设备中自动化控制技术的应用

近年来，我国市场经济得到快速发展，煤炭需求量逐步上升，煤炭企业想要满足市场需求，必须加强安全管理，提高生产效率。在煤矿生产过程中，机电设备作为重要的组成部分，不仅能够替代传统的作业方式，提高生产效率，而且能够减少工人的劳动强度，提高岗位操作的安全性，在企业发展中起到重要作用。随着科技的不断进步，在煤矿机电设备中开始广泛应用自动化控制技术，以此减少岗位人员投入，降低事故的发生率，为安全和产量方面提供了有力保障。本节简要介绍了自动化控制技术的应用现状，重点分析了矿山机电设备中自动化控制技术的应用措施。

在煤矿生产中，需要使用较多类型的机电设备，不同的设备在生产过程中发挥着不同的作用。自动化控制技术的广泛应用不仅能够使设备利用效率得到提高，而且能够使矿山开采效率大幅提升，同时在安全性与产量方面更有保障。煤矿的生产作业环境相对恶劣，生产技术手段比较烦琐，只有注重机电维修养护，不断提高操作技能，才能够确保机电设备安全稳定运行，为煤矿生产的正常运行创造有利的条件。

一、煤矿自动化控制技术概述

所谓的自动化控制技术，主要是利用电子技术对机械设备的生产加工过程进行全面监控，从而使人力资源的投入大幅减少，自动化技术涉及自动化控制、电子技术、机械技术等多种学科，各种技术的交叉叠加起到取长补短的效果。随着老矿井生产条件的不断恶化，需要投入越来越多的机电设备，从而确保煤矿生产效率得到有效提高，解放人力资源，保障安全生产。自动化控制技术在煤矿生产中的应用，最明显的优势就是生产效率得到了较大提升，煤炭生产量大幅增加。与此同时，在煤矿机电设备中，自动化控制技术的应用也进一步提升了煤矿生产的安全性，井下劳动环境得到明显改善，并且能够通过信息化平台直接被煤矿调度室监督、指挥和管理。

二、自动化控制技术应用现状

煤矿一线具有自然条件恶劣、作业环境复杂以及人机分布密集等特点，严重影响了机电自动化控制系统的可靠性。因此，煤矿技术人员需要定期保养和检修机电设备，及时调整设备参数，更换老化零部件。现如今，虽然大部分煤炭企业已广泛应用自动化控制技术，但机电设备缺乏专业人员管理、技术经验存在不足、职工操作水平较低，从而导致机电设备故障频发。所以职教中心要对技术人员加大培训力度，提升其理论知识，这样才可以更好地与实践相结合，并且能够及时更新自动化控制系统，提升机电设备工作效率。

煤矿生产过程中，主要是以采煤机和掘进机为主，自动化控制技术在这两个机电设备中应用得比较普遍。目前，自动化生产没有完全被应用在矿井中，很多区域只是实现局部环节的自动化。通过对煤矿供电系统的分析能够看出，它只能够满足地面供电系统的监控以及保护，对于井下的应用依旧存在问题。井下具有比较复杂的供电网络结构，它与采煤、掘进以及运输等设备的供电服务有着密切的联系，受负荷种类繁多以及分布区域十分广泛、各种地质条件较为复杂等因素的影响，且故障原因不容易排查，导致井下供电系统全面自动化难以实现。

三、矿山机电设备中自动化控制技术的应用措施

1. 在煤矿采掘设备中的应用

在煤矿生产中，采煤和掘进不仅是重要的作业步骤，而且是极其危险和繁重的作业。随着一些老矿井采深不断加大，作业环境日益恶劣，地质条件复杂多变，安全事故时有发生。而将自动化控制技术应用于采掘作业的机电设备中，不仅能够降低职工劳动强度，而且能够提高生产效率，有效地解决生产中存在的各种矛盾。通过长期实践能够看出，现代化采掘设备的引入能够为矿井安全生产保驾护航，如目前比较常见的电牵引采煤机，在电牵引采煤机中应用自动化控制系统，能够使其具有良好的牵引特性，采煤机在前进过程中获得牵引力。一旦采煤机出现下滑现象，自动化控制系统能够对其进行发电制动。所以，电牵引采煤机在实际作业中基本上不需要设置其他防滑装置，就能够在 40° ~50° 倾斜度的大倾角煤层进行作业。

2. 在胶带运输机中的应用

盘式控制系统一般包括三个方面:一是液压站，二是制动系统，三是机电控制系统。这三个方面直接影响着煤炭运输的效率，因此需要通过自动化控制技术有效控制胶带运输机的电流。其工作原理就是通过 PLC 技术有效控制电流，随后控制油压，最终实现减速或制动。当 PLC 系统接收到的运行值超过设备运行标准值时，电流就会被控制降低，随后实现对胶带运输机的速度控制。当电流逐渐恢复后，制动自动解除，从而实现胶带运输机的智能化控制。

3. 在矿山提升设备中的应用

在矿山生产过程中，提升设备不仅是最基础的设备，也是使用频率最高的设备，其主要用于对矿山机电设备、生产材料以及作业人员的运输。在使用提升设备时，首先要确保其安全性，检测其稳定运行情况，避免生产效率受到影响。在生产过程中，提升设备每天都会用到，具有较高的使用频率和较大的损耗。将自动化控制技术应用

于矿山提升设备中，能够实现数字化自动控制，从而使设备的运输效率得到有效提升。例如，提升设备的控制器可以通过 PLC 进行编程，能够实现调节及控制的监控功能。采用分布式的控制方式，能对各个独立的控制器进行控制，通过总线就能实现各个控制器之间的通信。在自动化技术的作用下，不仅能够实时控制和监测电控系统，而且能够提高变频调节的准确性，同时能够加强通信的及时性。

4. 在矿山监控设备中的应用

随着矿井开采过程不断移动，作业环境不断改变和恶化，安全管理逐渐受到人们的重视。想要使职工人身安全得到有效保障，需要加强生产期间的安全监测，扩大监测范围，加大监测力度，从而使矿山生产作业的整体安全性得到有效提高。自动化控制技术在监测过程中发挥着非常重要的作用，不仅能够全面监测机电设备的运转情况，而且能够监测作业人员的安全情况。例如，井下机电设备面对的环境比较复杂，在矿山监控监测设备中应用自动化控制技术，能够对矿井中的地理信息快速获取，特别是应用自动通信技术后，使环境信息的准确性大幅提高，帮助作业人员能够根据井内环境合理的安排自己的工作，确保自身的安全。调度人员在自动通信技术下，能够对生产作业情况全面掌握和控制，从而提升设备和人员管理水平。

5. 在矿山安全管理中的应用

在煤矿作业中，安全事故是无法避免的，为了减少安全事故的发生率，只有通过自动化设备进行控制，从而减少人力资源的投入，使复杂的地质问题由自动化机电设备代替职工进行高危作业。针对部分地质条件复杂情况，自动化设备可以适应于多种不同的地质环境，并且不断地提高机械设备的开采，减少人工投入，从而提升安全管理水平，促进矿山安全生产。

6. 在矿山其他设备上的应用

随着科技的不断发展，在很多大型煤矿中，井下采煤机也在及时更新，它所采用的先进技术是将液压控制技术与计算机技术进行结合。智能化的采煤机能够实现自动移驾模式，脱离人的操作进行作业，提高了生产效率。与此同时，自动化控制技术能够应用于电力控制系统中，为生产作业提供比较稳定的电力，满足采矿过程中机电设备对大功率电能的需求。

综上所述，在煤矿机电设备中，自动化控制技术是提升生产效率的重要保障。随着机械化设备的更新换代，将自动化控制技术应用于机电设备中，不仅能够更好地提升生产效率，而且能够保障安全生产。煤矿技术人员要注重矿山机电设备中自动化技术的科学运用，加大创新力度，努力实现与各类新技术的融合，实现矿山高产高效，推动煤炭企业健康可持续发展。

第三节　排涝泵站机电自动化控制技术的应用

新余市渝水区位于江西省中西部，地处赣江主要支流袁河下游，每年汛期都会发生不同程度的内涝灾害。为了解决内涝问题，袁河下游 3 个乡镇在 20 世纪 50 至 80 年代相继兴建了 18 座排涝泵站，34 台机组总装机 4395kW，排涝面积 7760 hm^2，这些排涝泵站几十年来为渝水区的排涝减灾发挥了重要作用。近年来对这些排涝站进行了维修改造，机电自动化控制技术在泵站改造中得到了广泛应用，为泵站继续发挥排涝效益注入的新元素、新活力。本节对排涝泵站机电自动化控制技术的应用进行了分析。

排涝泵站主要用于防洪排涝，是国民经济发展和保障民生福祉的重要基础设施。随着电子信息科技的快速发展，机电自动化控制技术越来越广泛的应用在排涝泵站中，实现了对泵站机电设备的控制和保护，在排涝工作中发挥了重要的作用。

一、对机电自动化控制技术功能的需求

机电自动化控制技术在排涝泵站中的应用，一般要满足控制、自动调节、操作这三大类功能。控制功能是机电自动控制的基本机能，它包括对设备运行数据的采集、分析、传输、显示、存储、分析、查询报表以及报警等功能，这种功能使工作人员能够实时了解设备的运行情况，在设备发生故障的时候能及时进行故障排除；自动调节功能属高一级的功能，它包括自我诊断功能、自动恢复功能以及远程维护、运行管理功能，还包括设备安全保障功能、音像功能及应急功能，这种功能在保证泵站安全运行的基础上具有自我调节能力、便于远程维护管理和紧急情况下及时采取应对措施；最后是在整个系统操作方面的功能，这样的功能是为了实现工作人员和自动化控制系统的人机交互，便于操作，保证排涝泵站设备的正常运行。这三大类功能不是完全分开的各自运行，而是相辅相成。在整个排涝泵站的机电自动化控制技术中，就是由这三大类功能进行有机结合而成的，随着电子信息科技进步以及自动化管理水平的提高，这三大功能是可以从高到低进行层次转换。在排涝泵站实际运行中，工况的改变，控制技术在操纵或者管理上也有一些相应的改变。因此机电自动化控制技术在电力设备的运行中首先要具有可靠性，需要对设备的基本运行情况做出判断，对于设备数据的采集整理要进行有效的分析，在硬件条件具备的情况下，还可以根据所分析出来的数据，列出相对应的公式或者图表，使设备的具体运行情况一目了然。

二、机电设备的选择

为了保证排涝工作的顺利完成，防止泵站运行出现安全事故，主要机电设备的选择显得尤为重要。在长期运行的过程中，由于外部环境原因和人为原因，机电设备的内部可能由于线路等问题发生故障，这些故障可能会影响排涝工作的顺利进行。在主要机电设备的选择中，首先是要对机电设备的性能进行检测，检测的方法多种多样，目前最常用的检测方法是在机电设备满负荷运行的状态下，观察设备的运行状态，记录设备的运行数据，根据数据来判断设备的具体运行情况；另外一种检测方法就是在设备出现短路的情况下，对设备各处的短路电流进行检测分析。这两种方法都适用于机电设备的检测工作。对于机电设备中变压器的选择，要根据泵站的运行工况和技术参数，在经过反复试验后，选择性能表现比较优异的变压器。渝水区在近期排涝站改造项目中，依据排涝泵站的工作需要，一般选用 SCB10kV 型变压器，这是一种有着铝合金外壳的干式变压器；对于机电设备中高压开关柜的选择，也要仔细慎重，一般情况下选择 KYN 开关柜，这种开关柜体型较小，便于安放调试，在其设备的功能应用方面也有着出色的表现；排涝泵站机械设备中不需要选择结构比较复杂的低压配电柜，KYN 开关配电柜可以根据排涝泵站的实际工况参数，来调节所使用机电设备的输出，保证其正常运行，具有较高的安全性。渝水区 18 座排涝站都是小型排涝泵站，一般在每年汛期的运行的过程中，机电设备实际工况下，电压也达不到额定电压，实际容量也达不到额定功率。在这样的情况下，如果设备运行的时间较长，电力设备中电机的使用寿命将会大大缩短，排涝泵站的效益非常有限，对于这种情况，渝水区排涝站的做法是采用自耦式减压启动。这种软启动方式，可以大大降低启动电流值，减少大电流对电机的损害，同时减少整套设备中各个组件之间的损伤，防止设备零件磨损严重的情况出现。

三、机电自动化控制技术在排涝泵站中的具体应用

机电自动化控制技术的应用一般体现在监控、保护和控制等三大方面，这些方面都是为了保证排涝站电力设备的正常运行，防止故障的发生。

机电自动化控制技术在排涝泵站中还可以应用到对设备的数据采集方面，采集过程根据工作人员所设定的采集时间，定时对设备的运行参数进行采集处理，这种数据直观的反映了设备的运行情况；同时，自动化控制技术还可以实现对机电设备安全运行管理的监视和报警。

此外，值班人员可以利用 CRT 对排涝泵站中的主要设备和辅助设备进行监视，系统的监视过程是由工作人员根据排涝泵站的具体工作内容，合理的设置设备运行参数

的上限和下限，在电力设备运行的过程中，如果运行参数超过所设定的上限或者低于参数下限，系统会及时对设备进行调整；如果在设备出现故障的情况下，监控系统会及时发出警报，由工作人员进行故障的排除工作。

监控系统还可以对阀门的开关进行监控，并对整个设备的电路情况进行数据显示。系统的控制功能，体现在许多方面，对机组启停中的各个阀门进行控制，根据所设置的起停步骤，分别进行合闸。系统的主要控制体现在以下几个方面：①对排涝泵站中的变压器进行控制；②对机组的起停进行控制；③对泵站中辅助机组的控制；④对设备中的应用阀门开关进行控制。根据实际的工作情况，实时监控和调节电力设备的运行情况，并且可以在控制可靠的情况下实现远程控制。

四、排涝泵站中机电自动化控制技术的应用前景

机电自动化控制技术在排涝泵站中的应用极大地提高了设备运行的安全性和可靠性，随着电子信息科技的不断发展，机电自动化控制技术也在不断地改进和完善，为了减少排涝工作的人力资源成本，提高排涝工作的效率和安全性，在未来的机电自动化控制技术中，应向智能化方向发展。机电自动化技术包括计算机程序、信息传递和监控等多方面的内容，在向智能化发展的道路上，要把这些计算机程序进行改进，使之成为一个完整的系统，同时也要重视人机结合，即系统要以操作人员的指令为主，对泵站中的机电设备实施全方位的控制。同时，机电自动化控制技术要符合目前“节能减排，绿色环保”的社会主题，以此来保证排涝泵站的长期可持续发展。

机电自动化技术在排涝泵站中的应用极大地改变了排涝工作中设备的运行管理模式，使排涝泵站具有更可靠的安全性、更高的工作效率、更便捷的管理及更小的能耗，在该系统的应用过程中，工作人员应结合自动化控制系统中监视、控制和保护三个方面，根据排涝泵站的实际情况，设置机电设备的参数，以此来保证机电设备的正常运行。

第四节　传感器技术在机电自动化控制中的应用

随着科学技术和经济的快速发展，传感器技术已经广泛应用于日常生活的各个领域，在生产、工农业的发展中发挥着不可或缺的作用。作为一个高科技智能发展技术，它在机电自动化控制的各个领域发挥着关键作用，对处理和提高信息传输和高效运行有着重要的影响。本节分析了传感器在机电自动化控制中的应用现状和未来发展趋势。

传感器可以对数据进行处理、分析和传输，然后将数据转换成信号输出。在机电自动化控制系统中，传感器得到了广泛的应用，对自动化系统的安全性、相关数据的传输和运行的稳定性起着重要的作用。

一、传感器技术的发展现状

1. 传感器技术概述

作为一种传感器设备，可以将有效的信息进行转换，以满足用户对信息采集、存储、处理和传输的需求，从而大大提高机电系统的运行效率。在机电自动化领域，传感器是自动监测任务的核心，是必不可少的。随着信息技术的发展和先进技术与自动化产业的融合，传感器技术得到了广泛的应用。传感器技术的不断创新和发展，也填补了传统技术的一些空白，使其信息输出不再单一烦琐。传感器技术在各个领域的最新发展表明，随着研究人员的创新，该技术将变得更加智能，会更好地适应机电自动化控制的应用。

2. 传感器的发展现状

传感器是智能发展的重要组成部分，广泛地应用于各个领域，对推动当代社会的进步起着重要的作用。传感器在机电自动控制的检测和机电一体化系统的实现中起着重要的作用。随着传感器技术的发展，传感器在系统自我调节和控制中的应用间接地促进了机电自动化水平的提高。随着社会的发展，对传感器的依赖越来越大。传感器集成已成为研究人员的一个重要优势。集成传感器不仅具有体积小、重量轻、稳定性好等优点，而且在一定程度上促进了自动控制的发展。智能系统在自动控制领域得到了广泛的应用，但其质量和应用在很大程度上取决于传感器技术。随着传感器技术的广泛应用，降低了生产成本，提高了应用价值。此外，在现有数据的基础上，它广泛地应用于各个领域，具有良好的应用前景。

二、传感器技术的应用

传感器在机电自动化控制系统中起着重要的作用。先进的传感器技术，将增加其在机电自动控制系统领域的应用强度。随着科学技术的发展，传感器的种类越来越多。目前，传感器在我国广泛地应用于航空航天、冶金、化工、医药等领域。随着时代的不断进步，传感器已经与自身的无线电通信技术有机结合。机电产品生产领域发生了巨大的变化，这是传感器实施的重要基础，也是相关数据开发实践的基础。

三、传感器在机电自动化控制中的重要性

传感器在智能系统中起着重要的作用。传感器与其他系统集成，以提高自动控制功能，满足生产管理自动化的要求。传感器可以识别机电行业的工作环境，了解工作对象，为自动控制提供有利的条件。随着时代的发展和科技创新的加速，它将成为过程管理的核心。机电设备和传感器技术在一定程度上提高了自动化程度，保证了机电

系统的稳定、安全运行，接近成本效益和有效管理的目标。在未来，机电自动化生产和需求将会继续上升，而对自动化的需求将会继续增长，这意味着传感器在机电自动化控制中的发展前景会越来越好。

四、传感器在机电自动化控制中的应用

1. 传感器技术在运输部门的应用

随着社会的发展，传感器被广泛地应用于包括交通在内的各个领域，它主要用于汽车工业。随着社会对机动车的需求不断增加，以及汽车工业的发展，以往的生产模式已经不能满足工业生产发展的需要。在这种情况下，提倡使用传感器。将机电自动化控制应用于汽车制造与相关零部件的集成上，实现汽车生产的机电一体化。目前，应用最广泛的有压力传感器、气体传感器和尾气传感器。此外，以高速公路上的传感器为例，当车辆在道路上行驶时，它可以准确测量车辆通过的压力范围，从而提高了车辆压力测量的效率。

2. 传感器技术在农业中的应用

随着农业生产的扩大和农业自动化技术的发展，传感器技术在农业生产中的应用越来越广泛。农民可以有效地利用传感器技术，采用精密传感器检测温度、湿度、有机土壤含量和光强等环境因子，提高了生产效率。此外，在保证植物生长环境的条件下，农民还可以采取适当措施，确保植物的生长适环境。此外，传感器还能在实际生产中准确测量植物的生长状态、形状和大小，保证植物的质量和效益，提高农产品的产量。

3. 传感器在工业生产中的应用

在当今的制造业中，传感器也被广泛应用，生产控制是为了保证零件加工的质量和效率。通过制造商的测试技术和电磁测试，了解工具的耐用性和质量。传感器广泛地应用于机床加工，传感器技术为过程提供高质量的模具产品。使用传感器进行质量控制，节省了大量的体力劳动，提高了工作效率。此外，传感器广泛应用于一些无监督情况。使用智能机器人代替人工，可以更方便、准确地提高工作效率。

4. 传感器技术在机器人制造中的应用

传感器在机器人生产研究中起着重要的作用。它可以帮助机器人接收和传输信息，然后将其转化为一个程序。传感器技术对机器人的内部控制、提高机器人的辨识能力、改善外部环境以及机器人的识别效果都有很好的实际影响，使机器人能够替代人类从事高风险工作。

机器人是典型的机电生产自动化辅助工具，在这种情况下，传感器技术的应用主要是针对生物传感器的应用。只有这样，内部机电设备才能感受到外部环境和信息相关数据的有效性，才能有效地应用传感器技术。在很大程度上，机电产品中使用的机

器人有两种：内部传感器和外部传感器。在实施内部传感器技术时，特别是针对相应的机械设备系统，可以同时对机器人进行全面监控，系统满足相关要求。外部传感器的实施应能够有效地监测机械设备的外部环境，并提供有价值的数据和信息。通过两个传感器的有效结合进行有效控制，使机器人能够根据感知的有价值的信息而有效地工作。

5. 传感器技术在零部件加工方面的应用

我国工业逐渐实现了生产自动化和传感器技术，能够满足有效应用的要求。机器零部件可以实现高精度的加工，保证工业生产的安全稳定运行，完成普通工具无法完成的任务。传感器技术可以动态检测燃料的数量，当油量低于安全值时，生产活动会被动中断。

此时，传感器装置自动将数据传输到相关部门，使制造任务得以快速完成。该传感器技术在加工高精度零部件方面具有明显的优势，特别是对于能够获取信息和动态测量来模拟现实的零件，保证了零部件加工的准确性。

6. 温度传感器技术的应用

随着传感器技术的不断发展，温度传感器已成为一种新型的传感器。在实际生产中，有两种测量温度的方法，一种是接触法，另一种是非接触法。如果传感器能够检测到物体上有热传递，它就会在温度计上显示出来。在测量时，这种方式简单、准确、经济，但也有明显的缺点，即一些热温度传感器和测量元件需要一定的时间进行测量。由于被测对象太热或有腐蚀性，使传感器的应用具有一定的局限性。传感器还可以进一步测量物体的辐射强度，通过接收并分析一个物体的辐射强度，在电磁波的帮助下，将一种特殊的装置和电磁信息转换成温度，这种方法在一定程度上接近于接触测量的误差。

7. 传感器技术在环境检测中的应用

在外部环境检测中，传感器的应用非常普遍，并发挥着重要的作用。传感器的有效应用为环境监测人员充分了解外部微观环境提供了有效信息。在生产中，该功能方便、简单。此外，由于我国幅员辽阔，地形复杂，特别是山地地形，可以建造水坝的数量很多，而高洪水风险的位置传感技术和设备基本具备了预测水压力的能力。传感器还提供烟雾气味感应，当探测到烟味时，及时发出相应的预警信息，提供火灾预测功能。此外，传感器可以检测到建筑物不同部位的异常声音、图像和温度，并在检测到危险情况时进行有效控制，及时发布预警信息，让相关人员采取有效措施，确保楼宇安全。

五、传感器技术在机电自动化控制中的未来发展趋势

随着我国信息技术的发展，传感器技术对产业发展具有良好的催化作用。因此，只有不断创新和发展，将传感器技术应用于社会发展和人们的生产生活中，才能满足人们在社会发展和生产生活中日益增长的需求。其次，模拟测试是数字计算机和智能传感器的发展，它是一种比传统输出信号简单的模拟传感器，不能满足需求的多样性，因此，必须解决数字信号智能传感器的缺陷。

在当今社会发展的背景下，传感器技术的发展对机电自动控制系统的发展起到了重要的推动作用。随着技术参数的不断创新和发展，机电自动化控制系统可以更精确地控制，得益于传感器技术，大大提高了行业效率。作为机电自动化系统的重要组成部分，传感器技术的发展极大地促进了各行各业的发展，使信息的采集、传输和处理更加有效，对促进我国工业的可持续发展起了辅助作用。

第五节　泵站机电自动化控制技术的有效应用

我国的水资源相对紧张，运用泵站机电自动化控制技术能够有效地进行水资源的调度。传统的调度方式使用的泵站存在较大的局限性，因此提出一种有效的机电自动化控制技术，利用压力传感器等设备对水资源情况进行搜集和分析，做到有效调度。泵站机电自动化控制技术调节及时，节约能源，操作便捷，提高了水资源调度的效率。

随着科学技术的不断发展，自动化控制技术在工业生产的应用越来越广泛，占据了重要地位。在水资源调度方面，泵站运用机电自动化控制技术将调度效益发挥到最大限度。传统泵站也设置了机组统一控制系统，但是需要依靠大量人力完成监控和操作，资源利用率较低，调度效率差。采用泵站机电自动化控制技术，在站内装设控制系统，集中控制机组，对调度参数进行计算，选择最优规则进行控制。

一、泵站机电自动化控制系统设计原则

（一）立足实际情况

为泵站进行机电自动化设计要从实际情况出发，综合考虑泵站所在位置的环境条件、资金调集、技术条件、人力资源等因素做好泵站和机电系统定位，不能一味地建设大规模全面的控制系统，要切合实际。从机电自动化控制程度来分类，可以选择数据采集型、综合控制型和部分模块自动化型三种模式。

（二）稳定前提下技术先进

稳定可靠是泵站运行最根本的要求，也是自动化控制系统设计的关键。泵站进行机电自动化控制系统设计时，要确保系统运行的稳定性。特别是在进行传感器等重要的执行元件设计时，要做到预试成功，装设后就能够起到作用。综合考虑所有设备模块和零部件是否能够支持自动化控制需求，避免冗余浪费，大而无用。在运行可靠的基本原则上，要注意设备的前瞻性，确保技术先进，能够支持泵站在一定时间内稳定运行，不需要频繁升级控制系统。

（三）追求效益最大化

泵站运行活动和其他所有经济活动一样，都需要确保经济效益的，并且要运用技术条件、运营管理能力不断提高经济效益。运行时间较少的泵站，则不需要投入各种资源进行机电自动化控制系统的升级。随着科学技术的不断发展，很多设备还没有收回装设时的费用，没有实现经济创收就已经被淘汰了，造成资源的巨大浪费。因此在进行泵站机电自动化控制系统设计时，在确保泵站稳定运行的前提下，要通过工程计算，对自动化控制系统进行选型，经过全面评估，确保经济效益的条件下再进行建设投产。

二、泵站机电优化控制

对泵站进行控制的基础是确定控制规则，将水资源控制在一定的安全范围以内，确保浸水出水不会出现异常问题，同时在泵站工作状态下发挥调控效能。控制策略要适应当地水资源情况和调集需求，控制系统根据控制策略的指挥进行水资源调集操作。根据控制策略，控制系统的设计，机组数量、功率等参数都将确定下来。传统的控制手段难以实现优化控制目标。

可以引入混合机电自动化控制技术，将传统模式和智能化控制技术结合起来，泵站机组采用 PID 控制策略和模糊技术来控制泵站机组。PID 策略可以实现对泵站的变频控制，自动计算控制本站的进水和出水量，通过 PID 策略实现机组变频调节。如果泵站的出水量设置得较低时，机电自动化控制系统就会频繁地执行控制策略，会造成机组停启切换的次数过多的问题，浪费泵站资源。但是，如果出水量条件设置得过高，则导致通知系统调节的灵敏度会降低，调节的精细程度下降，过于粗犷，调节效率降低，达不到控制效果。综合上述条件，开展本站机电自动化控制设计，要根据水资源调节需求，选择合适的 PID 控制策略，进行变频调节。

三、泵站机电自动化控制

泵站的机电自动化控制，是在控制过程中对所有的运行条件进行统筹，根据各种综合情况制定控制策略。基于对水资源调集的各项数据，以及模糊计算，对数据进行和计算，支持控制策略的制定，根据控制策略进行自动化控制。泵站的自动化控制不是必须建立机电控制模型的，可以根据泵站出水量和入水量数据结果，参考数据分析结果就可以进行自动化控制，属于非线性控制理念。自动化控制通过数据分析结果，制定控制策略，人们可以轻松理解其中的原理所在。泵站自动化策略既机动又具有稳定性，调节作用明显，响应速度快，主要在于前端数据的搜集和分析做得到位，则后续的自动控制可以有备无患。

四、泵站机电自动化控制系统组成

泵站机电自动化控制系统属于信息技术中计算机控制的一种形式。对于一般的数据控制策略可以采取多种模式来实现。一般情况下，控制泵站的出水量和入水量依据如下参数：实际入水量和泵站设定可控范围值相比可获取一个偏差系数，该偏差系数是自动控制系统制定控制策略的重要参数，可以计算得出偏差率。机电自动化控制系统对出水量和如水量做好设定，获取一个水量集合，将水量变化范围做好划分，通过精确的数据分析生成控制策略。急速三级对数字信息进行处理，制定控制策略，根据策略给定的水量数据，进行模糊计算，得到泵站的控制值。经过模糊计算得到控制集合的子集合，从控制策略的函数中找到可以代表子集合的精确水量，得到系统优化后的控制结果。

在泵站中实现机电自动化控制，需要考虑到降本增效、节能环保需求，以及经济收益，争取尽快将上线机电自动化控制系统的投资收回，并要确保泵站稳定运行。自动化控制系统要适于工作人员操作，尽量减小工作人员的工作量，尽量避免依赖人的判断来开展泵站控制。根据泵站的水资源调集需求，机电自动化控制系统要通过压力感知器将水量压力数据传送给服务器，以供系统分析，做到自动变频控制。

泵站设置了机电自动化控制系统可以对机组进行统一控制，确保系统通过计算获取最优规则，做到系统自适应。将 PLC 数据进行采集和分析，监控一体，工作人员可以通过人机交互界面通过软件和通信功能对水资源调集进行控制。在水资源调集工作中运用好泵站的机电自动化控制系统，有助于提高控制效率，强化控制效果，实现水资源调度对人们生产生活的有力支持。

参考文献

[1] 何梁浩 . 浅谈交通机电工程项目的质量管理 [J]. 中国设备工程，2018(2).

[2] 邹爱军 . 浅谈机电工程技术及项目施工质量控制 [J]. 建材与装饰，2018(14).

[3] 邱晓华 . 浅谈机电工程施工质量的控制方法 [J]. 数码世界，2018(4)：265-265.

[4] 王辉 . 浅谈机电工程项目中的设备管理 [J]. 安装，2018(3).

[5] 佚名 . 浅谈机电工程安装技术要点及质量控制措施 [J]. 科技风，2018，356(24)：120.

[6] 马占富 . 浅析建筑机电安装施工管理 [J]. 商品与质量（理论研究），2011，（6）.

[7] 覃飞 . 建筑机电安装施工技术管理 . 中国新技术新产品，2011，（3）.

[8] 麻蓉莉 . 浅谈机电安装工程施工技术与质量管理 [J]. 矿山机械，2010，（9）.

[9] 刘宝金 . 机电工程施工质量措施 [J]. 装饰装修天地，2019，（10）：226

[10] 张书欣 . 机电工程施工质量的措施 [J]. 装饰装修天地，2016，（7）：408-408.

[11] 魏兵 . 机电工程施工质量控制措施研究 [J]. 商品与质量，2015，（52）：192.

[12] 周常斌．浅谈建筑机电设备安装施工常见问题及应对措施 [J]．学术探讨，2010，(2)：301-302.

[13] 李春忠．探究建筑企业机电设备安装管理存在的问题及解决策略 [J]．科技论坛，2015，(6)：151-151.

[14] 钟德刚．暖通空调安装施工过程中的问题与解决方法 [J]．机电信息，2010，(36)：183-184.

[15] 陈晓玲．简析建筑机电设备安装施工中存在的问题及对策 [J]．城市地理，2015，(4)：80-81.